Lars Lindberg Christensen, Davide de Martin, Raquel Yumi Shida

Kosmische Kollisionen

Der Hubble-Atlas der Galaxien

Aus dem Amerikanischen übersetzt von Achim Weiß

Spektrum
AKADEMISCHER VERLAG

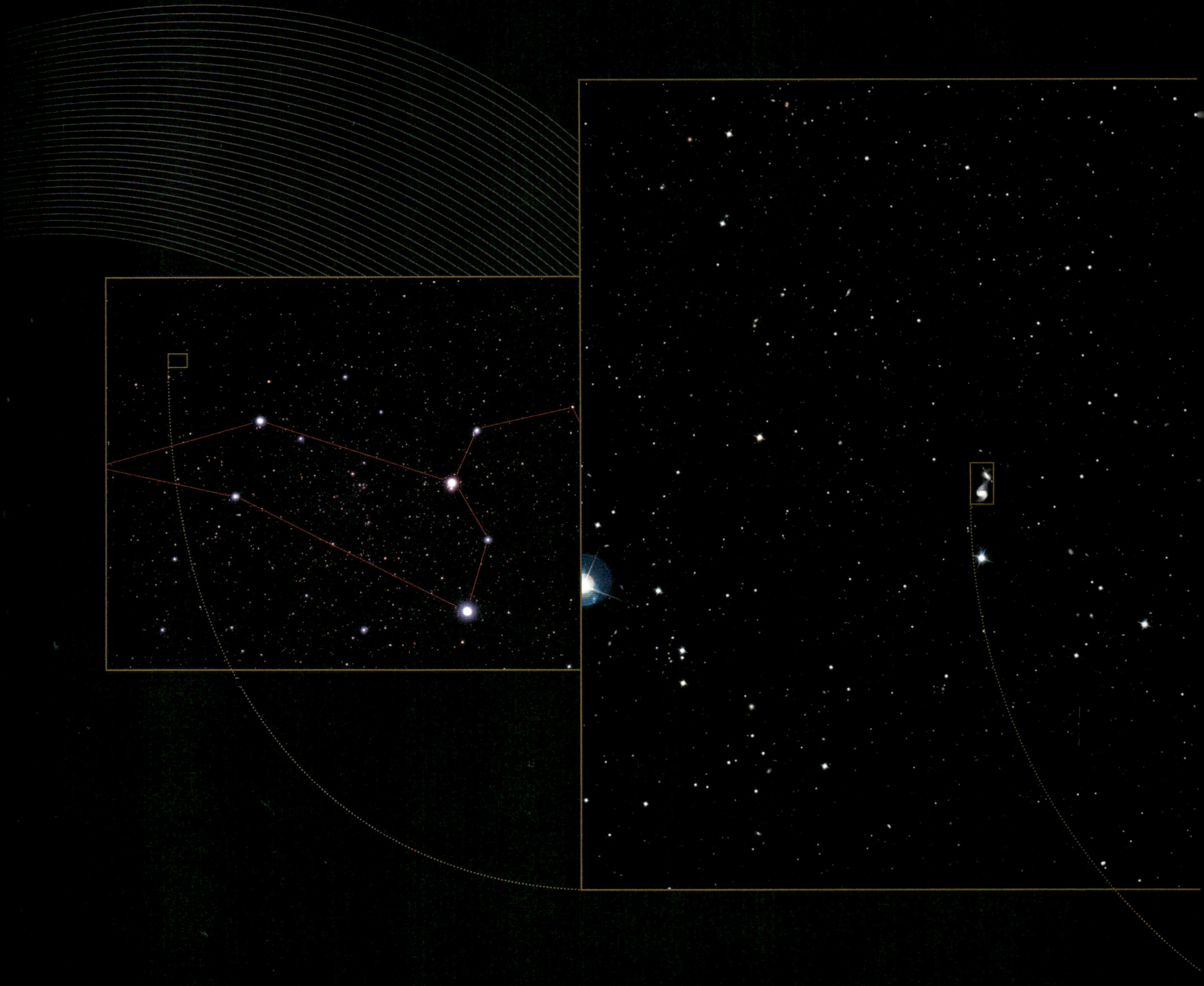

Titel der Originalausgabe: Cosmic Collisions – The Hubble Atlas of Merging Galaxies

Die amerikanische Originalausgabe ist erschienen bei Springer Science+Business Media, LLC, 233 Spring Street, New York, USA

Translation from the English language edition:
Cosmic Collisions by Lars Lindberg Christensen, Davide De Martin, and Raquel Yumi Shida

Aus dem Amerikanischen übersetzt von Achim Weiß

Bibliografische Information der Deutschen Nationalbibliothek
Die Deutsche Nationalbibliothek verzeichnet diese Publikation in der Deutschen Nationalbibliografie; detaillierte bibliografische Daten sind im Internet über http://dnb.d-nb.de abrufbar.

Springer ist ein Unternehmen von Springer Science+Business Media
springer.de

Spektrum Akademischer Verlag ist ein Imprint von Springer

10 11 12 13 14 5 4 3 2 1

Planung und Lektorat: Katharina Neuser-von Oettingen, Sabine Bartels
Redaktion: Carsten Heinisch
Satz: TypoStudio Tobias Schaedla, Heidelberg
Umschlaggestaltung: wsp design Werbeagentur GmbH, Heidelberg

ISBN 978-3-8274-2555-3

NGC 4038/4039 – Die Antennengalaxie (Titelfotografie)

Dieses verschmelzende Galaxienpaar war schon Friedrich Wilhelm Herschel bekannt. Es zeigt das vielleicht schönste Beispiel von weit ausgedehnten Gezeitenschweifen, die zum Namen „Antennae Galaxies" führten. Gemeint sind damit aber eher Fühler wie bei Insekten. Diese hochaufgelöste Hubble-Aufnahme zeigt allerdings Detailstrukturen der beiden, sich gerade durchdringenden Spiralgalaxien. Man erkennt ausgeprägte Staubbahnen, die die beiden Galaxienkerne verbinden, sowie eine Vielzahl von massereichen Sternhaufen, die als helle, blaue Punkte und Knoten erscheinen. Dieses Feuerwerk neu entstehender Sterne führt auch zu einer hohen Zahl von Supernova-Explosionen. So wurden 2004 und 2007 Supernovae in diesem System beobachtet. Die Antennen liegen im Sternbild Rabe. Ihre Entfernung beträgt nur 45 Millionen Lichtjahren. Damit sind sie eines der uns am nächsten befindlichen Beispiele für kosmische Kollisionen.

Aufnahmen des Galaxienpaares Arp 87 im Sternbild Löwe (Doppelseite vor dem Impressum)

Der Zoom vermittelt einen Eindruck vom Maßstab vieler Hubble-Bilder in diesem Buch. Das erste Bild (links) zeigt das gesamte Sternbild Löwe in der Aufnahme einer normalen Kamera. Das zweite Bild (Mitte) enthält nur das Gesichtsfeld des Digitized Sky Survey (Digitalisierte Himmelsdurchmusterung) mit Arp 87 im Zentrum. Das dritte Bild (rechts) zeigt eine Hubble-Aufnahme eines Feldes von etwa 2,3 Bogenminuten (1/25 Grad) Ausdehnung. Ganz offensichtlich ist der Blick von Hubble sehr begrenzt, und nur sehr kleine Himmelsbereiche können gleichzeitig aufgenommen werden. Arp 87 ist ein überwältigendes Beispiel für wechselwirkende Galaxien. Sterne, Gas und Staub fließen aus der großen Spiralgalaxie NGC 3808 (des größeren Partners) und umarmen die weiter oben befindliche Begleitgalaxie NGC 3808A. Von der Erde aus blicken wir nahezu senkrecht von oben auf die Spiralgalaxie NGC 3808 mit den hellen Sternentstehungsgebieten in den Spiralarmen und einigen deutlich sichtbaren Staubbahnen. NGC 3808A ist eine Spiralgalaxie in Seitenansicht. Sie wird von einem rotierenden Ring aus Sternen und interstellaren Gaswolken umgeben. Dieser Ring steht senkrecht zur Ebene der Galaxienscheibe und wird als ein „Polring" bezeichnet. Die wechselseitige Anziehungskraft hat die Form beider Galaxien verzerrt. Arp 87 ist etwa 300 Millionen Lichtjahre von der Erde entfernt. Die korkenzieherartig gewundenen Materiewolken, die in anderen Doppelgalaxien in ähnlicher Form beobachtet werden, lassen vermuten, dass durch Gezeitenkräfte Sterne und Gas aus der größeren Galaxie gerissen und vom Schwerkraftfeld der kleineren eingefangen wurde.

Die Kaulquappengalaxie (Doppelseite am Ende des Buchs)

Vor einem faszinierenden Hintergrund von mehreren Tausend Galaxien scheint diese seltsame Galaxie mit ihrem enormen Gezeitenschweif aus Sternen wie ein außer Kontrolle geratenes Feuerrad durch den Raum zu rasen. Diese als „Kaulquappe" bezeichnete Galaxie unterscheidet sich völlig von den üblichen prachtvollen Bilderbuchgalaxien. Ihre verzerrte Form wurde von einem kleinen Störenfried verursacht, einer kleinen, sehr blauen Galaxie, die in der oberen linken Ecke der sehr viel massereicheren Kaulquappengalaxie sichtbar ist. Die Kaulquappe befindet sich etwa 420 Millionen Lichtjahre entfernt im Sternbild Drache.

Arp 299

Dieses Galaxienpaar besteht aus den Galaxien IC 694 und NGC 3690 im Sternbild Großer Wagen oder Großer Bär, etwa 150 Millionen Lichtjahre entfernt. Vor etwa 700 Millionen Jahren kamen sich die Galaxien nahe, und das System erlebte als Folge dieser Begegnung einen heftigen Sternentstehungsausbruch. Während der letzten etwa 15 Jahre fanden sechs Supernova-Ausbrüche in den Außenbereichen der Galaxie statt, womit sich das System als eine wahre Supernova-Fabrik erweist. Arp 299 gehört zur Familie der „Ultrahellen Infrarotgalaxien“. Wegen der gewaltigen Sternentstehungsrate leuchtet die Galaxie – trotz der enormen Menge an absorbierendem Staub – auch im Ultravioletten hell.

Inhalt

Das Hubble-Weltraumteleskop

Das Hubble-Weltraumteleskop („Hubble Space Telescope“, HST) hat seit 1990 unseren Planeten mehr als 100.000-mal umkreist und liefert immer noch neue und faszinierende astronomische Bilder, die einige der grundlegendsten Fragen über unser Dasein beantworten.

Vorwort

Das Hubble-Weltraumteleskop (kurz auch „Hubble“ oder HST, nach der amerikanischen Bezeichnung *Hubble Space Telescope*) hat als Gemeinschaftsprojekt der europäischen und amerikanischen Raumfahrtagenturen ESA und NASA einige der bedeutendsten Entdeckungen in der Geschichte der Wissenschaften ermöglicht. Von seinem Aussichtspunkt 600 km über der Erdoberfläche, frei von den verzerrenden Effekten der Erdatmosphäre, sieht das Hubble-Teleskop fünfmal schärfer als erdgebundene Teleskope, und kann so tief in das Weltall blicken, dass die im Dunkel der Zeiten verborgenen Geheimnisse enthüllt werden können.

Kollisionen von Galaxien gehören zu den faszinierendsten und dramatischsten Ereignissen, die Hubble in hoher Auflösung zeigen kann. Diese gigantischen Begegnungen lösen ganz spezielle Phänomene aus: Sternhaufen, in denen schlagartig unzählige neue Sterne aufleuchten, verdrillte Staub- und Gasbahnen sowie Gezeitenschweife, die sich über hunderttausende von Lichtjahren erstrecken.

Die Bedeutung dieser kosmischen Begegnungen reicht weit über die Schönheit der Hubble-Bilder hinaus, die wir hier zeigen. Die Kollisionen gehören möglicherweise zu den wichtigsten Prozessen, die unser heutiges Universum geformt haben. Aufeinander prallende Galaxien geben uns wahrscheinlich wichtige Hinweise auf unsere galaktische Herkunft und unser kosmisches Schicksal. Es ist heute so gut wie sicher, dass die Galaxie, in der wir alle leben, unsere Milchstraße, immer noch größere und kleinere Verschmelzungsprozesse erlebt, und dass diese Vorgänge wesentlich wichtiger für ein Galaxienleben sind, als man bisher annahm.

Hubble-Bilder sind Momentaufnahmen der einzelnen Phasen von intergalaktischen Kollisionen. Die verschiedenen Stufen kann man zu einem „Film“ (Kapitel 4) zusammenfügen, der den Ablauf dieses einschneidenden Prozesses zeigt.

In diesem Buch werden wir eine kurze, aktuelle Einführung in das Leben von Galaxien geben – wie sie entstehen, sich im Laufe der Zeit entwickeln und kollidieren – und dafür die besten Bilder des Hubble-Weltraumteleskops verwenden. Viele dieser Aufnahmen sind Teil einer großen Untersuchung von leuchtkräftigen Infrarot-Galaxien („luminous infrared galaxies“ oder LIRGs), die unter dem Kürzel GOALS (Great Observatory All-sky LIRG Survey; goals.ipac.caltech.edu) als Gemeinschaftsprojekt verschiedener Institutionen durchgeführt wurde. Die Beobachtungen mit Hubble wurden von Aaron S. Evans an der Stony Brook University im US-Bundesstaat New York geleitet.

Wir danken Bill Keel für Anregungen und Ratschläge, und dafür, dass er sein umfangreiches Wissen über dieses Gebiet mit uns geteilt hat. Aaron S. Evans und dem GOALS-Team danken wir für die erstaunlichen Hubble-Daten, die die gezeigten Ansichten ermöglichen, und Maury Solomon sowie Harry Blom vom Springer-Verlag für ihre Unterstützung dieses Projektes. Dank gebührt ebenso Colleen Sharkey, Henrik Spoon und Bob Fosbury für hilfreiche Diskussionen und Vorschläge für den Text.

Lars Lindberg Christensen, Raquel Yumi Shida & Davide de Martin

München und Venedig, 1. März 2009

1 Galaxien im Überblick

NGC 5866

Dies ist eine einzigartige Seitenansicht der Scheibengalaxie NGC 5866, deren Scheibe fast in Blickrichtung liegt. Hubbles scharfer Blick enthüllt ein dünnes Band aus Staub, das die Galaxie in zwei Hälften teilt. Das Bild betont die Struktur dieser Galaxie: ein schwach ausgeprägter, rötlicher Wulst um einen hellen Kern, eine blaue Scheibe aus Sternen, die parallel zur Staubbahn verläuft, und ein durchscheinender äußerer Lichthof – der Halo. Ferner sind einige schwache, dünne Staubspuren zu sehen, die von der Scheibe ausgehen und sich in den Wulst und den inneren Halo hinaus winden. Im äußeren Halo zeigen sich zahlreiche Kugelsternhaufen als helle Punkte, von denen jeder nahezu eine Million Sterne beherbergt. Beim Blick durch den Halo hindurch sieht man Galaxien im Hintergrund, die Millionen oder Milliarden von Lichtjahren weiter entfernt sind.

Nahezu alles, was wir am Nachthimmel sehen – unabhängig davon, ob wir mit bloßem Auge oder mit Teleskopen beobachten – sind Galaxien oder Teile von Galaxien. Beim Nachdenken über Galaxien braucht es Mut zur Größe: Eine Galaxie ist eine fast unvorstellbar große Ansammlung von Staub, Gas, Dunkler Materie, Planeten und Sternen – Milliarden davon werden durch die Massenanziehung der Gravitation zusammengehalten.

„Die Milchstraße abzubilden ähnelt dem Versuch, in einer unübersichtlichen, nebligen Stadt einen Stadtplan zu entwerfen, während man an einem festen Standpunkt mitten im Nebel steht."

Dieses Buch handelt von wechselwirkenden Galaxien. Aber was ist überhaupt eine Galaxie? Die uns am besten bekannte Galaxie ist – nicht besonders überraschend – die Galaxie, in der wir leben, die Milchstraße. Von unserem Standpunkt innerhalb unserer Galaxie ist es schwierig, sich eine klare Vorstellung davon zu machen, wie unsere Galaxie von außen betrachtet aussehen mag. Die Milchstraße abzubilden ähnelt dem Versuch, in einer unübersichtlichen, nebligen Stadt einen Stadtplan zu entwerfen, während man an einem festen Standpunkt mitten im Nebel steht. Es hat lange gedauert, bis die Menschheit verstanden hat, dass es so etwas wie die Milchstraße überhaupt gibt, und noch länger, die Existenz weiterer Galaxien im Universum zu erkennen und anzuerkennen.

Die Entdeckung der Milchstraße

Wenn Sie jemals die Gelegenheit hatten, den Nachthimmel von einem Ort aus zu betrachten, der frei von „Lichtverschmutzung" war, sind Ihnen sicher Bereiche aufgefallen, in denen die Sterne dichter stehen und in denen ein milchiges Band den Himmel hinter den Sternen überzieht. Von einem wirklich dunklen Ort aus gesehen ist die Milchstraße einer der beeindruckendsten Anblicke der Natur.

In antiken Zeiten gab es keine wissenschaftliche Erklärung für dieses milchige Band. Die Wikinger sahen darin eine Straße, auf der die Toten zum Himmel gelangten; für die Inkas war es ein Fluss, aus dem der Wettergott Apu Illapu Wasser für den Regen entnahm; die Ägypter hielten es für einen Himmelsfluss, den „Nil im Himmel". Ihren Namen erhielt die Milchstraße vom lateinischen *Via Lactea*, was wiederum aus dem griechischen Wort Γαλαξιας (Galaxias) hergeleitet ist. In der griechischen Mythologie versuchte Hermes, der Götterbote, den von der sterblichen Alkmene geborenen Zeussohn Herakles dadurch unsterblich zu machen, dass er ihn an der Brust der schlafenden Hera saugen ließ. Aber Hera erwachte und stieß den Säugling von sich, so dass ihre Milch über den Himmel spritzte und die Milchstraße entstand.

Die Milchstraße ließ sich lange Zeit nicht in das wissenschaftliche Weltbild einfügen; daher gab es kaum Erklärungsversuche. Der erste, der ihrer wahren Beschaffenheit nahe kam, war Galileo Galilei, der sie in den Jahren 1609 und 1610 durch sein neu gebautes Fernrohr beobachtete. Er hat wohl als erster Mensch erkannt, dass die Struktur

Der Ursprung der Milchstraße

Nach der griechischen Mythologie entstand die Milchstraße, als der neugeborene Herakles versuchte, an Heras Brust zu saugen. Diese Episode wird hier von dem italienischen Maler Jacopo Robusti, besser bekannt als Tintoretto, dargestellt. Das Originalgemälde ist in der National Gallery in London ausgestellt.

der Milchstraße durch Sterne entsteht, die sehr nahe beieinander stehen. In seinem Buch „Sternenbote", dem *Sidereus Nuncius*, in dem er von diesen Beobachtungen berichtet, schrieb er über die Milchstraße: *„Die Galaxis ist nämlich nichts anderes als eine Ansammlung zahlloser, haufenförmig angeordneter Sterne"*. Allerdings verstand nicht einmal Galileo die ganze Tragweite seiner Entdeckung, und so versuchte er nicht die seltsame und ungleichmäßige Verteilung der Sterne am Himmel zu erklären.

Als Erster suchte der englische Amateurastronom Thomas Wright eine Erklärung dafür. 1750 veröffentlichte Wright ein Buch und erklärte darin das Aussehen der Milchstraße als einen *„optischen Effekt aufgrund unseres Aufenthaltes innerhalb einer lokal näherungsweise flachen Schicht aus Sternen"*.

Der große Philosoph Immanuel Kant übernahm Wrights Idee und arbeitete sie weiter aus. In seinem Buch *Allgemeine Naturgeschichte und Theorie des Himmels*, geschrieben im Jahre 1755, entwickelte er ein überraschend zutreffendes Bild. Kant glaubte, dieses große Sternsystem sei nur eines von zahllosen gleichartigen, die durch riesige Zwischenräume voneinander getrennt sind. Er nannte diese Systeme „Welteninseln". Das ist eine anschauliche Charakterisierung der Galaxien: Inseln, die im riesigen kosmischen Ozean schwimmen, und von denen jede mit Myriaden von Sternen angefüllt ist. Ohne selbst irgendeine wissenschaftliche Beobachtung

Die Milchstraße

So sieht die Milchstraße für einen nächtlichen Beobachter aus, der sich in ihr befindet. Könnten wir sie von außen betrachten, sähe sie aus wie jede andere Spiralgalaxie.

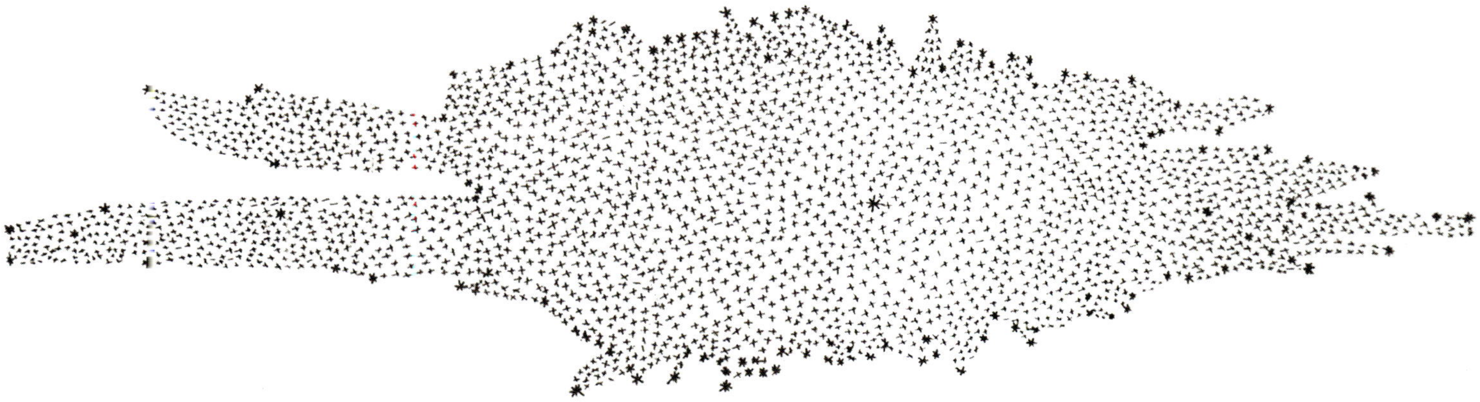

Herschels Milchstraße

Der in Deutschland geborene Friedrich Wilhelm Herschel, der sich in England William Herschel nannte, war ein großer Pionier in der Beobachtung von Sternen. In Anerkennung seiner Entdeckung des Planeten Uranus (1781) wurde er zum persönlichen Astronomen des Königs von England ernannt. Im Jahre 1785 versuchte er erstmals – nur teilweise erfolgreich – die Struktur der Milchstraße mithilfe von Sternzählungen zu erklären. Das war ein großer Fortschritt, obwohl er fälschlicherweise angenommen hatte, das Sonnensystem befinde sich nahe des Zentrums der Milchstraße.

gemacht zu haben, hatte Kant eine Epoche tiefgreifender Änderungen im astronomischen Weltbild eingeleitet.

Die ersten wissenschaftlichen Beobachtungen stammen von dem berühmten englischen Astronomen William Herschel. Herschel untersuchte die Verteilung der Sterne am Himmel, indem er ihre genaue Zahl in bestimmten Regionen ermittelte. Daraus schloss er, die Milchstraße müsse die Form einer Scheibe haben. Allerdings war er auf die Sterne beschränkt, die er mit seinem Teleskop beobachten konnte, und erfasste somit nur einen Teil der Geschichte.

In den darauf folgenden zweihundert Jahren ermöglichten die gemeinsamen Anstrengungen vieler Astronomen und die Fortschritte in der Teleskoptechnik immer tiefere Einblicke über den Rand der Milchstraße hinaus. So erkannte man, dass das milchige Band am Nachthimmel lediglich einer speziellen Innenansicht entspricht, die man von einem Beobachtungspunkt innerhalb einer großen Galaxie wahrnimmt.

Messen und Wiegen der Milchstraße

Die Milchstraße ist ein durchschnittlich helles Spiralsystem und beherbergt zwei- bis vierhundert Milliarden Sterne, darunter viele wie unsere eigene Sonne. Mir bloßem Auge lassen sich nur die etwa 6000 nächsten oder hellsten Sterne erkennen, weil wir nicht durch die Wolken aus Staub und Gas hindurchsehen können, die die Milchstraße durchziehen und die das Licht weiter entfernter Sterne abschirmen. 200 Milliarden Sterne ist eine fast unvorstellbar große Zahl, doch das ist nur der Anfang. Astronomen gehen davon aus, dass es mehr als 100 Milliarden Galaxien im Universum gibt.

Die Gesamtmasse aller Sterne in der Milchstraße beträgt wohl etwa 400 Milliarden Mal so viel wie die Masse der Sonne. Allerdings dürfte es noch viel mehr Masse in Form von Dunkler Materie geben (siehe Kasten Seite 47), die relativ gleichmäßig verteilt einen nichtleuchtenden Halo von weiteren mindestens 600 Milliarden Sonnenmassen bildet. Diese Abschätzung birgt jedoch eine beträchtliche Unsicherheit, weil es schwie-

„Galaxien sind Inseln, die im riesigen kosmischen Ozean schwimmen, jede mit Myriaden von Sternen angefüllt."

rig ist, die Masse eines mysteriösen Objektes unbekannter Ausdehnung und Natur zu bestimmen, das sich Hunderttausende von Lichtjahren entfernt befindet.

Der Durchmesser des sichtbaren Teils der Milchstraße beträgt etwa 100.000 Lichtjahre, seine Dicke etwa 1000 Lichtjahre. Das ist mehr oder weniger dasselbe Verhältnis wie bei einer alten Vinyl-Langspielplatte. Die Milchstraße hat einen zentralen Wulst (engl. *bulge*) von etwa 10.000 oder 12.000 Lichtjahren Dicke. Das ganze riesige System rotiert.

Unsere Sonne liegt, gemeinsam mit ihrem kleinen System von Planeten, Monden, Zwergplaneten, Asteroiden und Kometen, im sogenannten Orion-Arm der Milchstraße, etwa 26.000 Lichtjahre vom Zentrum entfernt.

Um eine Vorstellung von der reinen Größe der Milchstraße zu bekommen, stellen Sie sich ein Modell vor, in dem ein Zentimeter einer Entfernung von 10 Millionen Kilometern entspricht. In diesem Maßstab von 1:1.000.000.000.000 (1 zu einer Billion) hätte die Sonne die Größe eines Reiskorns, und die Erde wäre ein mikroskopisch kleines Staubteilchen in einer Entfernung etwa 15 cm von der Sonne. Das ganze Sonnensystem hätte nur 12 m Durchmesser, und der nächste Stern, Proxima Centauri, wäre ein weiteres Reiskorn in einer Entfernung von 40 km. Der Durchmesser der Milchstraßenscheibe beträgt aber selbst in diesem Maßstab 1 Million Kilometer. Ein Staubkörnchen neben einem Reiskorn in einer Scheibe mit einem Radius von eineinhalbfacher Größe der Mondbahn – das ist unser Platz in der Milchstraße!

Eine der größten Überraschungen ist aber, wie leer Galaxien sind. In unserem Modell eben entsprachen die Sternsysteme Reiskörnern, die typischerweise 10 oder mehr Kilometer voneinander entfernt sind. Jetzt machen wir ein anderes Gedankenexperiment, bei dem wir das ganze Sonnensystem auf die Größe eines Reiskorns schrumpfen lassen. Dann stellen wir uns vor, die gesamte Materie in der Milchstraße sei in einer einzigen Kugel von der Dichte der Sonne zusammengefasst (ohne uns Gedanken darüber zu machen, wie sich das bewerkstelligen ließe – das ist ja gerade das Erfreuliche bei Gedankenexperimenten). Dann hätte diese Kugel aus etwa 1000 Milliarden Sonnen gerade einmal einen Durchmesser von nur wenig mehr als dem Bahndurchmesser des Pluto, etwa 15 Milliarden Kilometer oder, im Reiskornmaßstab, 1,5 cm. Der Durchmesser der jetzt leeren Milchstraße entspräche dagegen der Entfernung zwischen München und Salzburg (140 km). Galaxien sind in der Tat sehr leer.

„Ein Staubkörnchen in der Umgebung eines Reiskorn in einer Scheibe mit einem Radius von eineinhalbfacher Größe der Mondbahn – das ist unser Platz in der Milchstraße!“

Karte der Milchstraße

Dieses Bild illustriert die Struktur der Milchstraße, wie wir sie heute kennen. Man erkennt ihre verschiedenen Spiralarme und einen Balken in der Mitte (in gelb). Der Ort der Sonne ist mit einem grünen Punkt gekennzeichnet.

Die Pinwheel- oder Feuerradgalaxie

Die gigantische Pinwheel-Galaxie (Messier 101), eine der bekanntesten prototypischen Spiralgalaxien (im Englischen spricht man von „Grand Design Spirals“), zusammen mit ihren ausgedehnten Sternentstehungsgebieten. Die große Spiralscheibe aus Sternen, Staub und Gas misst 170.000 Lichtjahre im Durchmesser, fast doppelt so viel wie bei unserer Milchstraße. Man schätzt, dass sie mindestens eine Billion Sterne beherbergt, wovon etwa 100 Milliarden in Bezug auf Temperatur und Alter unserer Sonne entsprechen. Die hohe Auflösung von Hubble lässt in dieser Aufnahme Millionen einzelne Sterne erkennen.

„Man kann zu Recht behaupten, dass die ‚Große Debatte' für unser Weltbild genauso wichtig war wie einige der Entdeckungen der großen Seefahrer im 17. Jahrhundert."

Andere Welteninseln

Bis ins 20. Jahrhundert hinein hielt man die Milchstraße für das gesamte Universum. Beobachtungen zeigten zwar einige seltsame, über den Himmel verteilte Spiralnebel wie etwa die Dreiecksgalaxie, die Pinwheel-Galaxie (Seite 17), und andere, aber die Astronomen hielten diese für einfache Gasnebel innerhalb unserer Milchstraße.

Die Dinge änderten sich Anfang des 20. Jahrhunderts, als einige Astronomen zu der Überzeugung gelangten, dass Kant Recht hatte mit seiner Einschätzung, die Spiralnebel seien eigene Welteninseln, also andere Milchstraßen. Die Kontroverse mündete in einer historischen Debatte unter Astronomen zum Thema „Die Größe des Universums". Sie wurde als „*Grand Debate*", die „*Große Debatte*", bekannt und fand am 26. April 1920 im Baird Auditorium des Smithsonian Museums für Naturgeschichte in Washington statt. Man kann zu Recht behaupten, dass die *Große Debatte* für unser Weltbild genauso wichtig war wie einige der Entdeckungen der großen Seefahrer im 17. Jahrhundert; sie ist ein überzeugendes Beispiel für das Ringen der Menschheit darum, ihren Platz in der kosmischen Ordnung zu finden.

Die Positionen waren klar und die Protagonisten zur Stelle. Beide Seiten waren mit Beweisen gerüstet, die aufgrund der damaligen Beobachtungsmöglichkeiten im besten Fall fragmentarisch und im schlechtesten Fall nur falsch sein konnten. Auf der einen Seite vertrat Harlow Shapley, einer der bedeutendsten Astronomen seiner Zeit, die Ansicht, dass die Milchstraße schon das gesamte Universum sei. Er platzierte das Sonnensystem richtig außerhalb des Milchstraßenzentrums, glaubte aber, Systeme wie der Andromedanebel oder andere Spiralnebel seien lediglich nahegelegene Gaswolken und somit Teil der Milchstraße. Er folgerte, dass Andromeda und die anderen Nebel, sofern sie *nicht* Teil der Milchstraße wären, hunderte Millionen Lichtjahre entfernt liegen müssten; solche Entfernungen empfanden die meisten Astronomen damals als abwegig.

Heber D. Curtis, ein anderer bekannter Astronom, vertrat die Gegenseite und behauptete, Andromeda und andere, ähnliche Nebel seien eigenständige Galaxien, also „Welteninseln". Er führte Beobachtungen ins Feld, die zeigten, dass in der Andromedagalaxie mehr Novae zu finden sind als in unserer Milchstraße. Warum aber sollten in einem kleinen Gebiet unserer Galaxis mehr Novae zu finden sein als in den übrigen? Das sprach für die Vorstellung, dass Andromeda eine eigene Galaxie ist, die sich in ihrem Alter und in der Häufigkeit von Novae von der Milchstraße unterscheidet. Curtis führte noch ande-

„Die Protagonisten verließen das Auditorium in Washington, ohne eine Lösung für die so wichtige Frage nach der Größe des Universums gefunden zu haben."

re Belege an, etwa die dunklen Bahnen, die man in anderen Galaxien findet. Er behauptete, sie würden den Staubwolken in unserer eigenen Milchstraße entsprechen.

Die Protagonisten verließen das Auditorium in Washington, ohne eine Lösung für die so wichtige Frage nach der Größe des Universums gefunden zu haben, aber die Diskussion wurde fortgeführt und intensiviert, als das „Bulletin of the National Research Council" im Mai 1921 zwei Arbeiten von Shapley und Curtis veröffentlichte, in denen sie ihre jeweiligen Positionen darlegten.

Der erste Hinweis, dass Curtis auf der richtigen Spur war, kam von Vesto Melvin Slipher. Schon 1912, als Slipher am Lowell-Observatorium in Flagstaff, Arizona, arbeitete, hatte er Spektren von einigen Spiralnebeln aufgenommen und bemerkt, dass die Spektrallinien der Galaxien zum roten Ende des Spektrums hin verschoben waren, ein Hinweis darauf, dass sie sich von uns entfernen. Er stellte außerdem fest, dass die Spiralnebel nicht die bei Gasnebeln üblichen hellen (Emissions-)Linien im Spektrum zeigten.

Heutzutage wird allerdings dem Astronomen Edwin Hubble das Verdienst zugesprochen, den Streit letztendlich entschieden zu haben. George Ellery Hale bot Hubble im Jahr 1919 eine Stelle am Mount-Wilson-Observatorium an, wo er bis zu seinem Tode arbeiten sollte. Hubble nutzte das seinerzeit neue Hooker-Spiegelteleskop, das mit 100 Zoll (2,5 m) Durchmesser damals größte und leistungsstärkste Beobachtungsinstrument der Astronomen. Auf einigen seiner Aufnahmen von Spiralnebeln waren einzelne Sterne zu erkennen, darunter veränderliche Sterne vom sogenannten Cepheiden-Typ. Solche Sterne konnten auch in der Andromedagalaxie nachgewiesen werden.

Cepheiden sind eine besondere Art von Sternen, deren Helligkeit sich regelmäßig ändert. Das hatte der junge englische Astronom John Goodricke 1784 entdeckt. Cepheiden ziehen sich regelmäßig zusammen und expandieren wieder, vergleichbar dem Pochen eines riesigen kosmischen Herzens. Dabei schwankt genauso regelmäßig die Leuchtkraft. Bemerkenswert ist die enge Beziehung zwischen der Periode ihrer Veränderungen und ihrer wahren Helligkeit (auch als *absolute Helligkeit* bezeichnet). Ein Cepheid mit einer Pulsationsperiode von 3 Tagen besitzt die 800-fache absolute Helligkeit der Sonne, einer mit einer Periode von 30 Tagen ist dagegen 10.000-mal so hell wie die Sonne.

Wegen dieser Beziehung zwischen Helligkeit und Pulsationsperiode (die von der amerikanischen Astronomin Henrietta Swan Leavitt 1908 entdeckt und formuliert wur-

„Die Milchstraße ist nur eine von vielen, über das Universum verstreuten Galaxien."

de) und weil Cepheiden so hell sind, dass man sie auch noch in großen Entfernungen identifizieren kann, lässt sich aus dem Vergleich der beobachteten Helligkeiten mit den absoluten Helligkeiten die Entfernung bestimmen. Deshalb dienen die Cepheiden-Veränderlichen als „Standardkerzen", mit deren Hilfe man die Entfernung zu der Galaxie bestimmen kann, in der sie stehen.

Gemeinsam mit seinem Kollegen Milton M. Humason nutzte Edwin Hubble die Cepheiden-Beziehung dazu, die Entfernung einiger Spiralnebel zu bestimmen. Er konnte so beweisen, dass sie Millionen von Lichtjahren entfernt sind, und damit bestätigen, dass sie tatsächlich Galaxien sind. Die Milchstraße ist also nur eine von vielen, über das Universum verstreuten Galaxien. Hubble verkündete seine Entdeckung am 1. Januar 1925, wodurch er die anhaltende Diskussion nicht nur bereicherte, sondern ihren Ausgang maßgeblich beeinflusste und letztlich unser Bild vom Universum grundlegend veränderte.

Unterschiedliche Typen von Galaxien

Nach seinen bahnbrechenden Beobachtungen, die die Fragen nach der Größe des Universums und der Rolle unserer Milchstraße darin beantworteten, versuchte Edwin Hubble die Galaxien anhand ihrer Formen zu klassifizieren, um dadurch mögliche physikalische Zusammenhänge zwischen ihnen zu finden. In seinem Buch mit dem Titel *The Realm of the Nebula*, das 1936 erschien (deutsch: *Das Reich der Nebel*; der Begriff „Galaxie" etablierte sich nur langsam und setzte sich erst in den 1930er Jahren durch), entwarf er ein Klassifikationsschema, das heute als „Hubble-Sequenz" oder, wegen seines Aussehens, auch als die „Hubble-Stimmgabel" bekannt ist.

Hubbles Klassifikationssystem hat sich als überraschend dauerhaft herausgestellt. Zwar gilt es mittlerweile als etwas zu einfach, aber die grundlegende Idee ist immer noch aktuell. Ursprünglich sollte damit nur das Aussehen von Galaxien beschreiben werden, doch Hubbles System steht in enger Beziehung zu interessanten physikalischen Eigenschaften und Kenngrößen von Galaxien. Zu diesen Parametern gehören der Gehalt an Sternen und Gas, oder die Art von Umgebung, in der sie sich befinden. Hubbles System wurde später von den Astronomen Gérard de Vaucouleurs und Sidney van den Bergh erweitert und ist heute das meistbenutzte Klassifikationssystem für Galaxien.

Seitenansicht von NGC 4013

Dieses Bild zeigt außerordentlich detailliert Staub- und Gaswolken, die sich entlang der Scheibe von NGC 4013 wie auch weit darüber hinaus erstrecken. NGC 4013 ist eine der Milchstraße ähnliche Spiralgalaxie und liegt etwa 55 Millionen Lichtjahre entfernt in Richtung des Sternbildes Großer Bär. Von oben gesehen würde sie wie ein nahezu kreisförmiges Rad aussehen, aber von unserem Beobachtungspunkt aus blicken wir auf die Kante der Scheibe.

„Diese Exzentriker unter den Galaxien wurden von Astronomen bis in die 1950er Jahre hinein weitgehend ignoriert, haben sich aber inzwischen als entscheidend für unser Verständnis von der Entwicklung von Galaxien herausgestellt."

Die Hubble-Sequenz zeigt die Form (oder „Morphologie") von Galaxien und ist grob in zwei Bereiche unterteilt: elliptische und Spiralgalaxien. Hubble gab den Ellipsen Ziffern von 0 bis 7, die die scheinbare Form der Galaxie kennzeichnen – „E0" ist nahezu kreisrund, während „E7" sehr abgeplattet ist. Elliptische Galaxien weisen kaum Struktur auf, bestehen im Allgemeinen aus alten Sternpopulationen und besitzen sehr wenig Gas und Staub. Beides wird für die Entstehung neuer Sterne benötigt.

Die Spiralgalaxien (oder kurz „Spiralen") werden in zwei Untersequenzen aufgeteilt, die sich in Enge und Ausgeprägtheit der Spiralarme sowie der Größe des Zentralwulstes unterscheiden. „Sa"-Galaxien haben einen hellen Wulst und eng gewundene Spiralarme, während „Sc"-Galaxien nur locker gewundene Arme und eine relativ unscheinbare Zentralregion aufweisen. Der zentrale Wulst besteht im Allgemeinen aus älteren Sternen, ähnlich denen, wie sie in elliptischen Galaxien gefunden werden. Um ihn herum liegt die dünne äußere Scheibe mit ihren hellen Armen, die die charakteristische Spiralstruktur liefern. Jeder Typ von Spiralgalaxie tritt mit und ohne zentralen Balken auf. Die Balkenspiralen besitzen einen geraden Balken, der sich durch den Wulst zieht. Ihre Spiralen setzen gewöhnlich am Ende des Balken anstatt unmittelbar am Wulst an. Balkenspiralen haben ein „B" in ihrer Klassifikation. Eine „SBc"-Galaxie ist somit eine locker gewundene Spiralgalaxie mit einem Balken.

Hubble fand auch, dass sich einige Galaxien nur schwer in sein Stimmgabel-Diagramm einfügen lassen. Darunter waren Galaxien von seltsam irregulärer Form, sehr kleine Zwerggalaxien und schließlich Riesenellipsen, die man im Zentrum von einigen Galaxienhaufen findet. Diese Exzentriker unter den Galaxien wurden von Astronomen bis in die 1950er Jahre hinein weitgehend ignoriert, haben sich aber inzwischen als entscheidend für unser Verständnis von der Entwicklung von Galaxien herausgestellt.

Eine Zeitlang dachte man, Hubbles Stimmgabel spiegele eine Entwicklungssequenz wider, auf der sich Galaxien vielleicht von einem Typ zu einem anderen entwickeln und dabei von links nach rechts über das Stimmgabel-Diagramm wandern könnten. Entsprechend wurden elliptische Galaxien einschließlich des Typs S0 als „Frühtypen" bezeichnet, während Spiralen „Spättypen" hießen. Für diese Vorstellung spricht die Tatsache, dass die Scheiben in Spiralgalaxien die Heimat von vielen jungen Sternen sind und Gebiete aktiver Sternentstehung aufweisen, während elliptische Galaxien aus hauptsächlich älteren Sternpopulationen bestehen.

Die prototypische „Grand-Design"-Spiralgalaxie M74

Messier 74, auch unter dem Namen NGC 628 bekannt, ist ein beeindruckendes Beispiel für eine prototypische „Grand-Design"-Spiralgalaxie. Wir blicken fast senkrecht auf ihre Scheibe. Ihre nahezu perfekt symmetrischen Spiralarme treten aus dem zentralen Kern aus und sind mit Haufen junger, blauer Sterne besetzt. Man erkennt ebenfalls, dass die Spiralarme mit hellen, rosafarbenen Gebieten verziert sind. Dabei handelt es sich um kurzlebige, riesige Wolken aus Wasserstoffgas. Wegen der intensiven Strahlung von heißen, jungen Sternen in ihrem Innern leuchten sie hell. Diese Sternentstehungsgebiete senden reichlich ultraviolettes Licht aus, und werden von Astronomen als Emissionsnebel bezeichnet (auch die Bezeichnung HII-Regionen ist üblich).

Galaxienklassifikation

Das Galaxien-Klassifikationssystem von Edwin Hubble aus dem Jahre 1936 wird immer noch benutzt. Eine Zeitlang hielt man seine „Stimmgabel" für eine Entwicklungssequenz, die anzeigt, wie sich Galaxien von einem Typ in einen anderen entwickeln: Aus elliptischen Galaxien (links) sollten demnach die rechts befindlichen Spiralgalaxien hervorgehen. Tatsächlich legen derzeitige Erkenntnisse aber das Gegenteil nahe. Ein wichtiger Effekt ist, dass sich elliptische Galaxien als Ergebnis der Kollision und der Verschmelzung von Spiralgalaxien bilden.

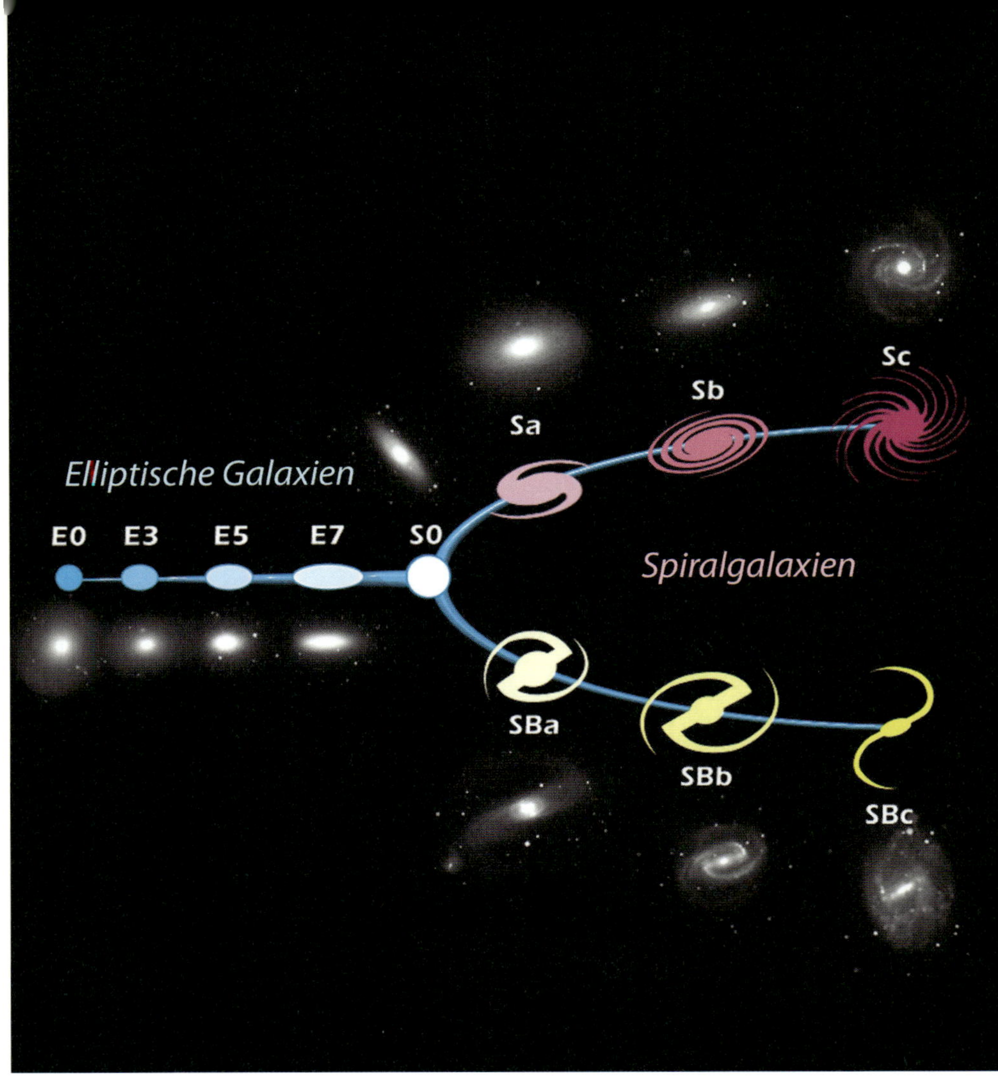

Tatsächlich aber deutet unser derzeitiges Wissen auf das Gegenteil hin: Im frühen Universum scheinen Spiral- und irreguläre Galaxien vorgeherrscht zu haben. Die derzeit bevorzugte Vorstellung von der Galaxienentstehung, die *Verschmelzungshypothese*, führt die heutigen Ellipsen auf ein Verschmelzen dieser ursprünglichen Bausteine zurück.

Hubbles Galaxienklassifikation wird zwar auch heute noch von den Astronomen verwendet, aber das ursprüngliche Konzept gilt als zu einfach. Die Klassifikation von Galaxien ist wesentlich komplexer, als Hubble glaubte. Sie hängt nicht nur davon ab, was wir im sichtbaren Teil des Spektrums beobachten, sondern auch von den Bedingungen, unter denen eine Galaxie beim ursprünglichen Kollaps entstand, von der jeweiligen Zusammensetzung und vor allem von der weiteren Entwicklung.

Spiralgalaxien

Wie schon Hubbles Klassifikation zeigt, treten Spiralgalaxien in verschiedenen Formen auf, besitzen aber strukturelle Gemeinsamkeiten. Alle weisen eine Scheibe aus Sternen, Gas und Staub sowie im Zentrum eine wulstartige Konzentration von Sternen auf, in der sich aber wenig Gas und Staub finden.

„Die derzeit bevorzugte Vorstellung von der Galaxienentstehung, die ‚Verschmelzungshypothese', führt die heutigen Ellipsen auf ein Verschmelzen dieser ursprünglichen Bausteine zurück."

Die gesamte Struktur ist wiederum von einem runden Halo aus alten Sternen umgeben, von denen sich einige in Kugelsternhaufen befinden. Die Massen von Spiralgalaxien reichen von etwa einer bis tausend Milliarden Sonnenmassen, wobei die typische Masse etwa 100 Milliarden Sonnenmassen beträgt. Der Durchmesser der sichtbaren Scheibe einer Spiralgalaxie variiert zwischen Werten, die unsere Vorstellungskraft übersteigen:15.000 bis 300.000 Lichtjahre, wobei die Dicke nur 1/50 des Durchmessers beträgt. Das ist bemerkenswert dünn, und entspricht den Verhältnissen bei einem flachen Teller.

Das gesamte System rotiert um eine Achse senkrecht zur Scheibe, die die galaktischen Pole verbindet. Der innere Teil rotiert wie ein starrer Körper, während die äußeren Teile der Scheibe eine differentielle Rotation aufweisen, d. h. in verschiedenen Abständen vom Zentrum bewegt sich die Materie mit unterschiedlichen Geschwindigkeiten.

Mehr als die Hälfte aller beobachteten Galaxien sind Spiralen. Man findet sie meist alleine stehend in Gebieten mit niedrigerer Massendichte; in den Zentren von Galaxienhaufen sind sie selten.

Am Wulst setzen zwei oder mehr Spiralarme an, die ihn umschließen. Entlang der Spiralarme findet man etliche aktive Sternentstehungsgebiete, die wir als helle Nebel wahrnehmen: heiße, leuchtende Gas- und Staubwolken, die regelrechte „Sternkrippen" bilden. Die vielen heißen jungen, blauen und weiß-blauen Sterne lassen die Spiralstruktur klar hervortreten. Etwa die Hälfte aller Spiralgalaxien weisen eine zusätzliche Komponente auf, einen zentralen Balken, der aus dem Wulst ragt und an dessen Enden die Spiralarme beginnen.

Der Kern einer Spiralgalaxie ist üblicherweise viel röter und gleichförmiger als die äußeren Bereiche und ähnelt oft elliptischen Galaxien. Das weist darauf hin, dass dort viele alte Sterne vorhanden sind – im Gegensatz zu den Verhältnissen in den Spiralarmen – und dass es kaum Sternentstehungsgebiete gibt.

Der Raum zwischen den Sternen in Spiralgalaxien ist mit Gas und Staub angefüllt, wodurch entlang der Spiralarme helle und dunkle Flecken und Bänder entstehen. Das Zentrum der Milchstraße entzieht sich unseren Blicken, weil es von unserem Standort aus durch dicke Wolkenschichten aus Gas und Staub verdeckt ist.

Vermutlich beherbergen die meisten, vielleicht sogar alle Spiralgalaxien in ihrem Zentrum ein supermassives Schwarzes Loch, dessen Masse zwischen 100.000 und

Supermassives Schwarzes Loch in der nahegelegenen Galaxie NGC 4438

NGC 4438 beherbergt genau wie die Milchstraße ein supermassives Schwarzes Loch. Es versorgt sich mit Material, das in einer Akkretionsscheibe um das Schwarze Loch herumwirbelt. Einiges davon wird aus der Scheibe in entgegengesetzten Richtungen ausgespien. Wie bei einem zweiarmigen Gartensprenger, der unter enormen Druck Wasserstrahlen nach außen schleudert, schießen zwei Materiestrahlen nach außen. Diese „Jets" prallen schließlich auf eine Wand aus dichtem, sich langsam bewegendem Gas und regen dabei das Material zum Leuchten an.

10 Milliarden Sonnenmassen liegt. Solche Schwarzen Löcher wurden noch nie direkt beobachtet, aber es gibt mehr als genug indirekte Hinweise darauf. Im Zentrum der Milchstraße sitzt ein supermassives Schwarzes Loch von vier Millionen Sonnenmassen.

Die meisten Sterne einer Spiralgalaxie befinden sich entweder in der Scheibe, wo sie sich auf mehr oder weniger kreisförmigen Bahnen um das Zentrum bewegen, oder im Wulst um den galaktischen Kern. Allerdings bevölkern auch etliche Sterne den diffuseren kugelförmigen Halo; sie treten entweder als Einzelgänger oder in Kugelsternhaufen auf. Die Bahnen dieser Halo-Sterne können ganz anders verlaufen als bei den meisten Sternen in der Milchstraße, und werden deswegen eingehend untersucht. Einige umkreisen das Zentrum der Milchstraße sogar entgegen der allgemeinen Drehrichtung oder auf einer stark geneigten oder unregelmäßigen Bahn. Es kann sehr gut sein, dass diese Halo-Sterne von kleinen Galaxien stammen, die mit der Milchstraße verschmolzen; sie wurden also im Lauf der Zeit von ihr dazugewonnen.

Die Bewegung der Halosterne führt sie zuweilen durch die Scheibe. Man glaubt, dass beispielsweise einige kleine, rote Zwergsterne in der Sonnenumgebung eigentlich zum galaktischen Halo gehören, etwa Kapteyns Stern und Groombridge 1830. Wegen ihrer unregelmäßigen Bewegung um das Zentrum unserer Galaxie verändern sich die Positionen dieser Sterne im jährlichen Vergleich mit anderen Sternen häufig relativ schnell.

„Die Ursache für die Spiralstruktur ist seit Jahrzehnten Gegenstand heftiger Diskussionen unter den Wissenschaftlern.“

Die Ursache für die Spiralstruktur ist seit Jahrzehnten Gegenstand heftiger Diskussionen unter den Wissenschaftlern. Bald nachdem die Natur der Spiralgalaxien entschleiert war, wurde den Wissenschaftlern klar, dass Sterne angesichts der unterschiedlichen Rotationsgeschwindigkeiten in der Scheibe nicht in starren Spiralarmen angeordnet sein können. Die unterschiedlichen Rotationsgeschwindigkeiten um das Zentrum würden dann nämlich in relativ kurzer Zeit dazu führen, dass die Spiralarme sich verbiegen und innerhalb weniger Umdrehungen der Galaxie eng um den Kern aufwickeln. Da ein solcher Effekt nicht beobachtet wird, muss es eine andere Erklärung für die Spiralstruktur geben.

Die heute mehrheitlich akzeptierte Erklärung ist die Dichtewellen-Theorie, die die Arme als Gebiete erhöhter Dichte in der rotierenden Galaxienscheibe. beschreibt. Nach dieser Theorie ist die Zahl der Sterne innerhalb der Spiralarme nicht viel höher als zwischen ihnen. Die für die Dichtewellen-Theorie oft verwendete Analogie ist ein Verkehrsstau auf einer Autobahn, bei dem Autos in den Stau ein- und ausfahren, der Stau selbst aber ortsfest bestehen bleibt. In einer Spiralgalaxie laufen ständig Sterne in die Arme hinein und hinaus, aber die Arme selbst bleiben erhalten. Die Dichtewelle rotiert langsamer als das Material der Galaxienscheibe, so dass Sterne und Gas die Welle „überholen“ können. Wenn Gas aus dem interstellaren Medium in eine Dichtewelle gerät, wird es verdichtet und das führt zur Bildung neuer Sterne.

Die heißesten und hellsten Sterne verbrauchen ihren Kernbrennstoff sehr schnell, so dass sie nur kurz leben. Sie entstehen und vergehen daher sehr nahe bei den Dichtewellen. Das ist der Grund dafür, dass die Spiralarme von den hellsten Sternen nachgezeichnet werden und dass sich in den Lücken zwischen den Armen viele schwächere, aber wenig helle Sterne finden. Dort sind die hellsten Sterne bereits wieder erloschen. Gas und Staubwolken, die Sternentstehungsgebiete anzeigen, findet man auch auf der Innenseite der Arme. Sie folgen der Dichtewelle, die sie verdichtet und so die Sterngeburten ausgelöst hat, nach.

Die Balkenspiralgalaxie NGC 1672

Fast senkrecht blicken wir von oben auf die Scheibe von NGC 1672, einer Balkenspirale am Südhimmel, und erkennen Gebiete intensiver Sternentstehung. Die höchste Konzentration entstehender Sterne findet man in den sogenannten „Starburst"-Gebieten, also Bereichen, in denen ausbruchartig Myriaden von Sternen entstehen. Diese Gebiete stehen nahe an den Enden des galaktischen Balkens, der hier diagonal durch das Bild läuft. NGC 1672 ist eine typische Balkenspirale und unterscheidet sich von normalen Spiralgalaxien dadurch, dass die Spiralarme sich nicht bis ins Zentrum hinein krümmen, sondern an den beiden Enden des geraden Balkens ansetzen, der sich über den Galaxienkern erstreckt.

„Trotz ihrer glatten, strukturlosen Erscheinung und der langsameren Bewegung ihrer Sterne sind elliptische Galaxien ziemlich aufregende, dynamische Systeme."

Elliptische Galaxien

Trotz ihrer gleichmäßigen, strukturlosen Erscheinung und der langsameren Bewegung ihrer Sterne sind elliptische Galaxien ziemlich aufregende, dynamische Systeme. Sie sehen wie unscharfe, elliptische Lichtflecken aus, und ihre Formen reichen von fast sphärischen bis zu sehr abgeplatteten Ellipsoiden, die vom Zentrum nach außen hin stetig schwächer werden, ohne eine richtige Struktur aufzuweisen. Im Vergleich zu Spiralgalaxien besitzen sie wenig sichtbares Gas und wenig Staub. Die Sterne in elliptischen Galaxien sind alt und folgen Bahnen, die innerhalb der Galaxie zufällig verteilt sind. Vermutlich sitzen in den Zentren aller elliptischen Galaxien supermassive Schwarze Löcher, deren Masse mit der Masse der Galaxie zusammenhängt. Elliptische Galaxien besitzen keine Scheiben. Andererseits ähneln einige der zentralen Wulste von Spiralgalaxien im Aussehen elliptischen Galaxien.

Man glaubt, dass elliptische Galaxien etwa 10 bis 15 % aller Galaxien im näheren Universum ausmachen. Man findet sie oft in den inneren Gebieten reicher, regulärer Galaxienhaufen. Im frühen Universum waren sie seltener als heutzutage.

Die Massen elliptischer Galaxien unterscheiden sich sehr. Sie reichen von Zwergen mit einer Masse von gerade einmal ein paar Millionen Sonnenmassen bis hin zu Riesenellipsen mit einer Masse von über einer Billion Sonnenmassen. Die Größe variiert zwischen einigen Tausend bis zu 300.000 Lichtjahren. Die kleinsten elliptischen Galaxien, die sogenannten Zwergellipsen, sind vermutlich nur etwas größer als die größten Kugelsternhaufen. Das andere Extrem bilden Riesenellipsen wie zum Beispiel Messier 87, die größten Galaxien im Universum überhaupt. Damit decken elliptische Galaxien einen viel ausgedehnteren Größenbereich ab als Spiralgalaxien. Riesenellipsen sind oft die dominante Galaxie im Zentrum eines Galaxienhaufens.

Messier 81

Dieses Bild von Messier 81 wurde aus Aufnahmen in mehreren Wellenlängenbereichen zusammengesetzt. M81 besteht aus Sternen, Gas, Staub und Spiralarmen, die sich bis in den Kern hinein winden. Obwohl diese Galaxie 11,6 Millionen Lichtjahre entfernt ist, ist die Aufnahme des Hubble-Weltraumteleskops so scharf, dass einzelne Sterne, offene Sternhaufen, Kugelsternhaufen, und sogar leuchtende Gebiete fluoreszierenden Gases aufgelöst werden können. Diese Aufnahme kombiniert Daten des Hubble-Weltraumteleskops, des Spitzer-Weltraumteleskops und des Galaxy Evolution Explorers (GALEX).

In den meisten Ellipsen bedeutet der Mangel an Gas oder Staub, dass wenig Rohmaterial für die Bildung von Sternen vorhanden ist. Deswegen enthalten sie keine jungen und somit heißen, hellen und massereichen Sterne. Im Gegenteil: Elliptische Galaxien bestehen aus alten, massearmen Sternen, die ihnen eine gelb-rote Farbe verleihen.

Wie wir oben gesehen haben, reicht die Hubble-Klassifizierung für elliptische Galaxien von E0 für die kugelförmigen bis hin zu E7 für die abgeplatteten, die eine langgestreckte, dünne Form haben. Die meisten elliptischen Galaxien liegen dazwischen. Zu welcher Hubble-Klasse eine Galaxie gehört, ist somit oft nur die Folge des Blickwinkels, unter dem wir sie sehen.

Elliptische Riesengalaxie ESO 325-G004

Diese Aufnahme zeigt die unterschiedlichen Galaxientypen im Galaxienhaufen Abell S0740, der über 450 Millionen Lichtjahre entfernt in Richtung des Sternbildes Centaurus steht. Die elliptische Riesengalaxie ESO 325-G004 beherrscht das Zentrum des Haufens. Sie hat eine Masse von nahezu 100 Milliarden Sonnenmassen. Das Hubble-Teleskop konnte Tausende von Kugelsternhaufen in der Umgebung von ESO 325-G004 auflösen, die als stecknadelgroße Lichtpunkte im diffusen Halo erscheinen. Weitere, unscharf aussehende elliptische Galaxien sind über das ganze Bild verstreut. Einige zeigen Anzeichen einer Scheibenstruktur, was sie einer Schleife ähneln lässt. Darüber hinaus erkennt man auch etliche Spiralgalaxien.

NGC 7049

Eng gewundene, beinahe konzentrische Arme aus dunklem Staub umgeben den hellen Kern der Galaxie NGC 7049. Diese Galaxie ist ein Grenzfall zwischen einer elliptischen und einer Spiralgalaxie und gehört entweder dem Typ S0 oder Sa an.

Messier 87

Die ungeheure elliptische Galaxie Messier 87 ist die Heimat einiger Billionen Sterne, eines supermassiven Schwarzen Loches und einer Familie von 13.000 Kugelsternhaufen. Messier 87 ist die Riesenellipse im Zentrum des uns benachbarten Virgo Galaxienhaufens, der ungefähr 2000 Galaxien beherbergt. Der Jet ist ein vom Schwarzen Loch angetriebener Materiestrom, der aus dem Kern der Galaxie herausgeschleudert wird. Diese Galaxie mit einem Durchmesser von 120.000 Lichtjahren liegt in einer Entfernung von 54 Millionen Lichtjahren in Richtung des Frühlingssternbildes Jungfrau.

„Der ‚Atlas der pekuliären Galaxien' war ein wegweisender Ansatz, das Geheimnis der bizarren Formen mancher Galaxien zu lösen."

Irreguläre Galaxie NGC 4449

Hunderttausende von hellen blauen und roten Sternen sind in dieser Aufnahme der Galaxie NGC 4449 zu sehen. Heiße, bläulich-weiße Ansammlungen von massereichen Sternen verteilen sich über die gesamte Galaxie. Sie sind durchsetzt von zahlreichen staubigeren, rötlichen Bereichen, in denen gerade Sterne entstehen. Dunkle Gas- und Staubwolken großer Masse zeichnen sich vor dem Hintergrund flammenden Sternlichts ab. NGC 4449 hat schon seit Milliarden Jahren Sterne hervorgebracht, doch jetzt entstehen die Sterne mit einer wesentlich höheren Rate als früher. Bei der derzeitigen Sternentstehungsrate wird der Gasvorrat für die Sterngeburten nur noch für eine weitere Milliarde Jahre reichen.

Irreguläre und pekuliäre Galaxien

Einige der beobachteten Galaxien passen nicht in die Hubble-Sequenz und können nicht klar als elliptische oder Spiralgalaxie klassifiziert werden. Diese sogenannten *irregulären* Galaxien weisen nur wenig Symmetrie in ihrer Struktur auf, manche haben sogar überhaupt keine Struktur. Sie besitzen keinen zentralen Wulst, und obwohl es manchmal so scheint, als hätten sie Ansätze einer Struktur (irreguläre Galaxie vom Typ I), ist diese Struktur zu schwach ausgeprägt, als dass sie wirklich in die Hubble-Sequenz passen würden. Irreguläre Galaxien vom Typ II zeigen nicht einmal ansatzweise eine Struktur.

Irreguläre Galaxien haben nur wenige systematische Eigenschaften. Ihre Masse variiert zwischen 100.000 und 10 Millionen Sonnenmassen, und ihre Größe reicht von wenigen tausend bis zu einigen 10.000 Lichtjahren.

In der Anfangszeit von Hubbles ursprünglicher Klassifikation war es üblich, alle Galaxien, die weder Spiralen noch Ellipsen waren, als irregulär zu kennzeichnen. Heute dagegen neigt man dazu, eine weitere Unterscheidung zwischen den „gewöhnlichen" irregulären und den „eigentümlichen" irregulären, den *pekuliären* Galaxien zu treffen. Letztere besitzen eine ungewöhnliche Form, Größe, Struktur oder Zusammensetzung, und die meisten sind Objekte, die durch Gezeitenwirkungen mit einer anderen Galaxie verzerrt sind. Sie treten oft in Paaren von verzerrten Objekten auf und zeigen Schweife aus Sternen und Gas, die aus dem eigentlichen Galaxienkörper herausgeschleudert wurden.

In den 1960er Jahren richtete der amerikanische Astronom Halton Arp das weltberühmte 5-Meter-Teleskop auf dem Mt. Palomar auf 338 pekuliäre Galaxien aus und gewann damit einige der denkwürdigsten astronomischen Bilder dieser eigenartigen, in Wechselwirkung befindlicher Galaxien. Sein bahnbrechender Katalog, der als „Atlas der pekuliären Galaxien" veröffentlicht wurde, war der erste Ansatz, das Rätsel der bizarren Formen mancher Galaxien, die mit erdgebundenen Teleskopen beobachtet wurden, zu lösen (mehr über Arp ist in Kapitel 3 zu lesen).

Heutzutage verstehen wir die Eigentümlichkeit der von Arp katalogisierten Galaxien recht gut: Solche Strukturen entstehen durch die zerstörerische Wirkung der Schwerkraft, wenn Galaxien kollidieren und verschmelzen.

„Astronomen sind jetzt davon überzeugt, dass Galaxienkollisionen die Entstehung der vielfältigen Galaxienformen grundlegend beeinflussen."

Irreguläre Zwerggalaxie I Zwicky 18

I Zwicky 18 ist eine irreguläre Zwerggalaxie und viel kleiner als unsere Milchstraße. Die bläulich-weißen Bereiche im Herzen der Galaxie gehören zu zwei größeren Sternentstehungsgebieten, in denen mit einer sehr hohen Rate neue Sterne gebildet werden. Die blauen Filament-Büschel, die die zentralen Sternentstehungsgebiete umgeben, sind Blasen aus Gas, das durch Sternwinde und Supernova-Explosionen einer früheren Generation heißer, junger Sterne weggeblasen wurde. Dieses Gas wird jetzt durch intensive ultraviolette Strahlung erhitzt, die von heißen, jungen Sternen stammt. Eine Begleitgalaxie liegt etwas links von I Zwicky 18, und vermutlich stehen beide in Wechselwirkung und ziehen durch ihre Schwerkraft aneinander. Diese Wechselwirkung könnte den derzeitigen Sternentstehungsausbruch in I Zwicky 18 ausgelöst haben, der für das jugendliche Aussehen dieser Galaxie verantwortlich ist. Die rötlichen, ausgedehnten Objekte in der Umgebung um I Zwicky 18 und ihrer Begleiterin sind alte, voll entwickelte Galaxien unterschiedlicher Formen, die aber wesentlich weiter entfernt sind.

Irreguläre Galaxien sind nicht die Ausnahme im Universum. Man geht heute davon aus, dass etwa ein Fünftel aller Galaxien auf die eine oder andere Art irregulär oder pekuliär ist.

Die Erforschung dieser Galaxientypen konzentriert sich zunehmend auf die wichtigen Entwicklungseinflüsse durch Wechselwirkungen zwischen Galaxien. Die Astronomen sind mittlerweile davon überzeugt, dass diese Prozesse die Entstehung der vielfältigen Galaxienformen grundlegend beeinflussen und außerdem die Entstehung von Sternen und von Sternhaufen anstoßen.

Das bevorstehende Ende von NGC 1427A

Die irreguläre Galaxie NGC 1427A ist ein spektakuläres Beispiel für einen stellaren Überlebenskampf zwischen zwei Galaxien. Unter dem gravitativen Sog eines großen Galaxienhaufens, bekannt als Fornaxhaufen, stürzt die kleine bläuliche Galaxie mit mehr als zwei Millionen Kilometer pro Stunde geradewegs in die Gruppe hinein.

2 Wie entstehen und entwickeln sich Galaxien?

Galaxien, wohin man blickt

Das „Hubble Ultra Deep Field" – das „ultra-tief beobachtete Feld" – ist eine der wichtigsten derartigen Aufnahmen der jüngeren Vergangenheit. Es stellt den bisher weitesten Blick in den Kosmos im sichtbaren Licht dar und zeigt nahezu tausend Galaxien. In seiner Funktion ähnelt es einer Kernbohrung am Boden der Tiefsee und erlaubt die Untersuchung von Galaxien über eine Entfernung von Milliarden von Lichtjahren hinweg. Es enthält Galaxien verschiedenen Alters und der unterschiedlichsten Größen, Formen und Farben. Die kleinsten und rötesten Galaxien könnten zu den am weitesten entfernten gehören, die es bereits gab, als das Universum erst 800 Millionen Jahre jung war. Die nächstgelegenen Galaxien – das sind die größeren, helleren und deutlich ausgebildeten Spiralen und elliptischen Galaxien – sehen wir, wie sie vor etwa einer Milliarde Jahren aussahen.

Die Frage nach der Entwicklung der Galaxien entspricht der klassischen Frage, was zuerst da war: Huhn oder Ei? Hat sich zuerst Materie unter dem Einfluss der Schwerkraft zu großen Strukturen zusammengeballt, in denen dann Sterne und supermassive Schwarze Löcher entstanden, oder bildeten sich zunächst die Schwarzen Löcher und haben diese anschließend die Entstehung der ersten Sterngeneration in den Zentren der Galaxien ausgelöst?

„Galaxienhaufen sind die größten bekannten Objekte, die durch die Schwerkraft zusammengehalten werden."

Die Entstehung und Entwicklung von Galaxien ist eines der umstrittensten Themen der modernen Astronomie. Warum gibt es die verschiedenen Galaxientypen, und wie passen die supermassiven Schwarzen Löcher ins Bild, die in fast allen Galaxien gefunden werden?

Wichtige Hinweise zum Ursprung der Galaxien findet man in Durchmusterungen von großen Himmelsbereichen. Einige Gebiete sind dichter mit Galaxien bestückt als der Durchschnitt. In ihnen findet man Galaxien in kleinen Gruppen oder auch in großen Ansammlungen mit tausenden von Mitgliedern, den sogenannten Galaxienhaufen. Diese Haufen wiederum sind oft Teile von Superhaufen oder noch größeren Strukturen, die sich über weite Gebiete des bekannten Universums erstrecken.

Galaxienhaufen sind die größten bekannten Objekte, die durch die Schwerkraft zusammengehalten werden. Sie weisen jeweils einen dicht bevölkerten Zentralbereich und etwa kugelige Form auf. Ihre typische Größe bewegt sich zwischen fünf und dreißig Millionen Lichtjahren, ihre typische Masse liegt bei einer Million Milliarde (einer Billiarde) Sonnenmassen. Anders als die Gebiete außerhalb der Haufen sind die Zentralbereiche fast ausschließlich mit elliptischen und linsenförmigen Galaxien besetzt (in der Hubble-Klassifikation sind das die S0-Galaxien im Übergangsbereich zwischen elliptischen und Spiralgalaxien). In ihnen entstehen praktisch keine Sterne. Es besteht also ein klarer Zusammenhang zwischen Galaxientyp und -umgebung. Aufgrund dieser Beziehung glauben viele Wissenschaftler, dass in den Haufen Spiralen einst zahlreicher vertreten waren, aber durch Galaxienverschmelzungen zu elliptischen oder linsenförmigen System wurden.

Abell 1703 – ein massereicher Galaxienhaufen

Abell 1703 findet sich in der nördlichen Himmelshemisphäre und besteht aus einigen hundert Galaxien, die in dieser Aufnahme gelb erscheinen. Die meisten von ihnen sind elliptische Galaxien. Der Haufen bildet eine Gravitationslinse und wirkt wie ein gigantisches kosmisches Teleskop, das das Licht von weiter entfernten Galaxien auf seinem Weg ablenkt und verzerrt. Die meisten dieser Hintergrundgalaxien sind Spiralgalaxien. Ihre ursprüngliche Form wird aber durch die Linsenwirkung so verzerrt, dass sie eher wie eine Banane aussehen; außerdem entstehen oft Mehrfachbilder einer Galaxie. Abell 1703 ist drei Milliarden Lichtjahre von der Erde entfernt.

Blick in die Vergangenheit

Ein einzelnes Menschenleben und selbst die gesamte Menschheitsgeschichte sind viel zu kurz, um die Entwicklung einer Galaxie zu verfolgen. Aber auf bemerkenswerte Art hilft uns hierbei die Geschwindigkeit des Lichts. Obwohl die Lichtgeschwindigkeit ziemlich groß ist – etwa 300.000 km/s –, hat sie doch einen endlichen Wert. Die Strecke, die das Licht in einem Jahr zurücklegt, wird als Lichtjahr bezeichnet. Galaxien sind Millionen oder gar Milliarden Lichtjahre entfernt. Wegen der endlichen Lichtgeschwindigkeit war das Licht umso länger unterwegs, je weiter eine Lichtquelle entfernt ist. Wenn das Licht dann bei uns ankommt, so sehen wir dieses Objekt in einem viel früheren Zustand. Eine weit entfernte Galaxie zu beobachten ist daher wie eine Zeitreise in die Vergangenheit. Das erlaubt es uns, die Veränderungen in Galaxien dadurch zu untersuchen, dass wir Galaxien in unterschiedlichen Entfernungen und somit zu unterschiedlichen Zeiten beobachten.

Wird hier gerade eine Spiralgalaxie in eine elliptische Galaxie verwandelt?

NGC 4522 ist ein spektakuläres Beispiel für eine Galaxie, die gerade ihres Gases beraubt wird (es bewegt sich im Bild nach oben). Die Galaxie gehört zum Virgo-Galaxienhaufen, und ihre schnelle Bewegung innerhalb des Haufens ist die Ursache für die starken „Winde", die das Gas teilweise aus ihr entfernen. Die Wissenschaftler schätzen die Geschwindigkeit von NGC 4522 auf mehr als zehn Millionen Kilometer pro Stunde. Auch einige neu gebildete Sternhaufen, die man in dieser Hubble-Aufnahme erkennt, werden aus der Galaxienscheibe entfernt. Der Verlust von Gas wird als entscheidend für die Form und Entwicklung von Spiralgalaxien in Haufen angesehen. Diese ihres Gases beraubte Galaxie ist einige hundert Millionen Lichtjahre entfernt und könnte eines Tages als elliptische Galaxie enden.

„Die ersten Galaxien entstanden während der ersten fünf Prozent der Geschichte des Universums. Im Verhältnis zu einem Menschenleben hatte das Universum damals noch nicht einmal das Schulalter erreicht."

Am Anfang war ...

Im Urknall, oder „Big Bang", entstanden Raum und Zeit, die Naturgesetze sowie alle Materie und Energie. Während der ersten hunderttausenden von Jahren nach dem Urknall war das Universum bemerkenswert homogen und viel zu heiß, um die Bildung von chemischen Elementen zu erlauben. Es bestand nur aus einer „Suppe" von Atomkernen, Elektronen, anderen subatomaren Teilchen und Strahlung. Etwa 380.000 Jahre nach dem Urknall, als das Universum auf 3000 °C abgekühlt war, bildeten sich die ersten vollständigen Wasserstoff- und Heliumatome. Aufnahmen der damals entstandenen Mikrowellen-Hintergrundstrahlung zeigen, dass die scheinbar gleichförmige Suppe aus kosmischen Teilchen und Strahlung bereits die ersten Anzeichen von Strukturen enthielt. In der allgemein akzeptierten Vorstellung von der Galaxienentstehung waren diese winzigen Abweichungen in einem ansonsten homogenen Universum die Saatkörner, aus denen später die ersten Galaxien wuchsen. Diese primordialen Strukturen waren wahrscheinlich dominiert von Dunkler Materie (siehe Kasten Seite 47) und zogen durch ihre Schwerkraft Gas und weitere Dunkle Materie in die Bereiche mit der höchsten Dichte; hier bildeten sich die ersten Protogalaxien, die anschließend zu Galaxien wurden.

Zu diesem Zeitpunkt bestand die „normale" Materie im Universum fast nur aus Wasserstoff und Helium (obwohl das insgesamt nur 4 % des gesamten Materie- und Energieinhalts ausmacht; siehe Kasten „Dunkle Materie"). In solchen Gaswolken bildeten sich die ersten Sterne und es entstanden die ersten sichtbaren Protogalaxien. Das Ende der Ära, die als „Dunkles Zeitalter" bezeichnet wird, war gekommen.

Die ältesten bislang gefundenen Galaxien entstanden etwa 750 Millionen Jahre nach dem Urknall, aber es ist gut möglich, dass es auch schon früher Galaxien gab. 750 Millionen Jahre scheint eine lange Zeit zu sein, doch das Gesamtalter des Universums liegt bei 13,7 Milliarden Jahren. Die ersten Galaxien bildeten sich somit schon nach nur fünf Prozent des Gesamtalters. Im Vergleich zur mittleren Lebenswartung eines Menschen hatte das Universum damals also noch nicht einmal das Schulalter erreicht, und doch war in seiner frühen Kindheit schon allerhand geschehen!

„Die Entstehung eines supermassiven Schwarzen Lochs dürfte das Wachstum einer Galaxie ganz entscheidend beeinflussen.“

Galaxienentwicklung

Im üblichen Bild der Galaxienentstehung, der Verschmelzungshypothese, sind die Protogalaxien im frühen Universum dadurch entstanden und gewachsen, dass sich kleinere Galaxien wie Bausteine zusammenfügten. Umfassende Himmelsdurchmusterungen haben gezeigt, dass sich sowohl in unserer näheren kosmischen Umgebung wie auch in mittelgroßen Entfernungen Galaxien in großen fadenartigen Strukturen ansammeln, die man Filamente nennt und die eine Art kosmisches Gewebe bilden. Wo sich die Filamente treffen und schneiden, dort sitzen die dichtesten Galaxienhaufen.

Wir wissen auch, dass die wichtigsten Strukturen in einer Galaxie innerhalb der ersten Milliarde Jahre ihrer Existenz entstehen. Es bilden sich Kugelsternhaufen, das zentrale supermassive Schwarze Loch und der zentrale Wulst aus Sternen. Die Entstehung eines supermassiven Schwarzen Lochs dürfte das Wachstum einer Galaxie ganz entscheidend beeinflussen. Es wächst, indem es „unachtsame“ Sterne, die ihm zu nahe kommen, verschlingt – aber es beeinflusst umgekehrt auch die Entstehung neuer Sterne. Während dieser Phase der Entwicklung, so zeigen die Beobachtungen entfernter Galaxien, werden in vergleichsweise kurzer Zeit sehr viele Sterne geboren.

Trotz vieler Erfolge hat dieses gängige Bild auch seine Grenzen. So kann es die verschiedenen Galaxienformen nicht erklären, die von den strukturlosen runden Ellipsen bis zu den Scheibengalaxien reichen, die fast so flach wie Pfannkuchen sind.

Entwicklung von Spiralgalaxien

Eine der wichtigsten Herausforderungen, denen sich die Verschmelzungshypothese stellen muss, ist die Erklärung für die Vielzahl der Spiralgalaxien im heutigen Universum. Mehr als die Hälfte aller Galaxien, die wir sehen, gehören zu diesem Typ, obwohl Spiralen nicht sehr beständig sind, so dass Wechselwirkungen mit Nachbargalaxien ihre Form leicht zerstören. Wenn wir heute noch so viele Spiralgalaxien sehen, kann das natürlich daran liegen, dass sie nie solchen Wechselwirkungen mit großen Galaxien ausgesetzt waren, daher immer noch ihr wunderbares Aussehen besitzen und bis heute Sterne bilden können.

Dunkle Materie – mal sieht man sie, mal nicht.

Dunkle Energie – mal versteht man sie, mal nicht.

Das meiste Licht, das aus dem Universum zu uns gelangt, stammt entweder direkt aus dem Leuchten der Sterne, oder es kommt ursprünglich aus Sternen, wurde aber auf seiner Reise zu uns verändert. Es gibt aber eindeutige Belege, dass es im Universum auch etwas gibt, das wir nicht direkt sehen können, und dass diese „dunkle Materie" ein Hauptbestandteil von Galaxien, ja sogar des ganzen Universum ist.

1933 fiel dem aus der Schweiz stammenden amerikanischen Astronomen Fritz Zwicky als Erstem die „fehlende" Masse auf. Er beobachtete die Bewegung von Galaxien am Rande des Comagalaxienhaufens. Die gemessene Bewegung war zu schnell, um sie allein durch die Anziehungskraft der sichtbaren Sterne zu erklären, die die Haufengalaxien ausmachen.

Ein weiterer großer Schritt in der Erforschung der „Dunklen Materie", wie sie heute genannt wird, war die Beobachtung der Rotationskurven in Spiralgalaxien im Jahre 1975. Die amerikanische Astronomin Vera Rubin entdeckte, dass die Sterne in Spiralgalaxien mit der immer gleichen Geschwindigkeit das Zentrum umkreisen, dass aber die erwartete Verlangsamung ihrer Bewegung am Rande der sichtbaren Galaxie ausblieb. Demnach musste die Hälfte oder mehr der Masse einer Galaxie in einem relativ dunklen galaktischen Halo stecken.

Die Natur und Zusammensetzung dieser unsichtbaren Materie sind immer noch unbekannt – dies stellt ein fruchtbares Forschungsfeld für Beobachter und Theoretiker dar. Vorschläge, was die Dunkle Materie sein könnte, gibt es viele: Braune Zwergsterne und Planeten (zusammenfassend als MACHOs bezeichnet, nach der englischen Bezeichnung „Massive Astrophysical Compact Halo Object"); winzig kleine, subatomare Schwarze Löcher, die im frühen Universum entstanden sein sollten; Wolken aus dunklem Gas; gewöhnliche und schwere Neutrinos; oder ein ganzer Zoo von exotischen Elementarteilchen, wie die schwach wechselwirkenden Teilchen mit Masse, den WIMPs (englisch „Weakly Interacting Massive Particles").

Die Ergebnisse des Mikrowellenhintergrund-Satelliten „Wilkinson Microwave Anisotropy Probe" und anderer Teleskope haben uns die etwas entmutigende Erkenntnis beschert, dass all unsere Technologie und unser gesammelter Verstand uns bisher nur Einblicke in 4 % der Bestandteile des Universums erlaubt haben. Fast ein Viertel der restlichen Bestandteile ist Dunkle Materie (22 %), und die übrigen 74 % des Universums bestehen aus der noch rätselhafteren Dunklen Energie, über die wir so gut wie gar nichts wissen. Wir wissen über sie nur, dass sie eine abstoßende Kraft ausübt, die der anziehenden Schwerkraft zwischen Galaxien entgegenwirkt; damit bietet sie eine mögliche Erklärung für die erst kürzlich gewonnene Beobachtung, dass sich unser Universum immer schneller ausdehnt.

Der „Bullet-Haufen" (deutsch „Geschosshaufen")

Den vielleicht überzeugendsten Beweis für die Existenz der Dunklen Materie liefert der Bullet- oder Geschosshaufen. Er besteht eigentlich aus zwei kollidierenden Galaxienhaufen. Deren Mitglieder kann man im Hintergrundbild erkennen, das im sichtbaren Licht aufgenommen wurde. In diesem Bild wurde eine Aufnahme eines Großteils der normalen Materie darübergelegt, die hier rot erscheint; diese Materie tritt in Form eines sehr heißen, Röntgenstrahlung emittierenden Gases auf. Daneben wurde in dem Bild (in Blau) auch die Verteilung der Gesamtmasse des Haufens dargestellt, die man aus der Vermessung des Gravitationslinseneffekts erhielt. Der Versatz zwischen dem roten Röntgengas relativ zur blauen Massenkarte demonstriert die deutlichen Unterschiede zwischen der normalen und der Dunklen Materie in den beiden Galaxienhaufen. Der rote, wie ein Geschoss aussehende Klumpen auf der rechten Seite ist heißes Gas des einen Haufens, das während der Kollision durch das heiße Gas des anderen, größeren Haufens drang. Dadurch wurden beide Gaswolken durch Effekte abgebremst, die dem bekannten Luftwiderstand ähneln. Dagegen wurde die dunkle Materie (in Blau) durch den Zusammenstoß nicht verlangsamt, weil sie anscheinend weder mit sich selbst noch mit der normalen Materie anders als nur durch die Schwerkraft wechselwirkt. Das Ergebnis dieses Ereignisses liefert einen direkten Beleg dafür, dass der größte Teil der Materie in den Galaxienhaufen Dunkle Materie ist und dass sie sich von „normaler" Materie deutlich unterscheidet.

„Nach der Kollision schwingen die eingefangenen Sterne hin und her und bilden die schwachen Schalen – genauso wie Wasser Ringe erzeugt, wenn wir einen Stein in einen Teich werfen."

Während der ersten Milliarden Jahre im Leben einer Galaxie setzt sich die angesammelte Materie in einer sogenannten galaktischen Scheibe ab. Während ihres gesamten weiteren Lebens nimmt die Galaxie dann einfallendes Material auf, das von um sie mit großer Geschwindigkeit kreisenden Molekülwolken und von Zwerggalaxien stammt. Diese Materie besteht hauptsächlich aus Wasserstoff und Helium, den leichtesten aller chemischen Elemente. Der Kreislauf von Geburt und Tod der Sterne führt allmählich zu einer Anreicherung auch mit schwereren Elementen.

Die Theorien zur Entstehung der Spiralgalaxien erklären auch die Ansammlung der Dunklen Materie in Halos. Im frühen Universum bestanden Galaxien vor allem aus Dunkler Materie und Gas, aber kaum aus Sternen. Durch die Akkretion von kleineren Zwerggalaxien gewinnt eine Galaxie an Masse, wobei die Dunkle Materie sich hauptsächlich im Halo der äußeren Bereiche verteilt. Dagegen kontrahiert das Gas relativ schnell und beginnt in der Folge – ganz wie eine Eiskunstläuferin, die bei einer Pirouette ihre Arme anzieht – immer schneller zu rotieren. Am Ende entsteht eine dünne, sich schnell drehende Scheibe.

Warum die Kontraktion irgendwann ihr Ende findet, ist noch ungeklärt. Computersimulationen können bis heute die Rotationsgeschwindigkeit und Größe von entstehenden Scheibengalaxien nicht völlig reproduzieren. Möglicherweise beeinflusst die Strahlung der neu entstehenden, heißen Sternen oder das Schwarze Loch, das sich im Zentrum von fast allen Galaxien findet, den Prozess und verlangsamt die Kontraktion der sich ausbildenden Scheibe. Eine alternative Erklärung sagt, dass der Halo mit Dunkler Materie einen „Zug" auf die Galaxie ausübt, der die Kontraktion stoppen könnte. Aber vielleicht spielen bereits in dieser Phase Galaxienkollisionen und -verschmelzungen eine wichtige Rolle, indem sie zusätzlich Gas, Sterne und Dunkle Materie in die Galaxie einspeisen.

Entwicklung von elliptischen Galaxien

Das traditionelle Bild zeigt elliptische Galaxien als Objekte, in denen die Sternentstehung nach einem anfänglichen starken Ausbruch zum Erliegen gekommen ist, so dass sie nur noch im Licht ihrer alternden Sterne scheinen. In ihren äußeren Regionen weisen große elliptische Galaxien ausgedehnte Systeme von Kugelsternhaufen auf.

Die Entstehung einer großen Galaxie

Dies Bild zeigt, wie sich eine große Galaxie mit kleineren vollstopft, die wie Fliegen in einem kosmischen Schwerkraftnetz gefangen sind. Die Galaxie ist so weit entfernt (10,6 Milliarden Lichtjahre), dass die Astronomen sie so sehen, wie sie in den frühen Entstehungsjahren des Universums aussah, nämlich etwa zwei Milliarden Jahre nach dem Urknall. Dieses Bild belegt aussagekräftig die gängigsten Theorien zur Galaxienentwicklung. MRC 1138-262, die salopp auch „Spinnwebgalaxie" genannt wird, besitzt Dutzende von Satellitengalaxien, die mit ihr verschmelzen und neue Sterne formen.

Die Strukturlosigkeit und die alte Sternpopulation verleitete die Astronomen ursprünglich zu der Überzeugung, dass die elliptischen Galaxien früher als die Spiralen entstanden waren. Im Zuge neuerer Beobachtungen wurden aber im Inneren einiger elliptischer Galaxien auch junge und blaue Sternhaufen gefunden. Zusammen mit anderen Strukturen lässt sich dies als Hinweis auf eine Galaxienkollision interpretieren. Die Verschmelzungshypothese sagt voraus, dass elliptische Galaxien das Ergebnis eines lange andauernden Prozesses sind, in dessen Verlauf zwei Galaxien vergleichbarer Masse, aber beliebigen Typs, kollidieren und verschmelzen. Solche großen Galaxienverschmelzungen sollen in frühen kosmischen Zeiten häufig statt gefunden haben. Sie treten heute immer noch, aber seltener auf.

Beobachtungen zufolge weist etwa die Hälfte aller elliptischen Galaxien eine schwach ausgeprägte Schalenstruktur auf; diese Schalen sind möglicherweise das Ergebnis von Frontalzusammenstößen mit kleineren Galaxien. Nach der Kollision schwingen die eingefangenen Sterne hin und her und bilden diese schwachen Schalen – genauso wie Wasser Ringe erzeugt, wenn wir einen Stein in einen Teich werfen.

„In der resultierenden Galaxie gibt es vor allem Sterne, die das Zentrum in einem komplexen Muster aus zufällig orientierten Bahnen umkreisen – genau, wie wir das in elliptischen Galaxien beobachten können."

NGC 1132, eine elliptische Riesengalaxie

NGC 1132 ist ein kosmisches Fossil. Sie ist der Nachhall des Aufeinanderprallens vieler Galaxien. Durch das Gemetzel von aufeinander folgenden Kollisionen entstand eine hell leuchtende, aber etwas formlose Riesenellipse, die wesentlich heller ist als normale Galaxien. Zusammen mit den zwergenhaften Begleitgalaxien wird NGC 1132 eine „fossile Gruppe" genannt, denn sie besteht vermutlich aus den Überresten einer größeren Gruppe von alten Galaxien, die in jüngerer Vergangenheit miteinander verschmolzen sind. Um NCG 1132 herum schwirren Tausende alter Kugelsternhaufen wie Bienen um einen Bienenstock. Diese Haufen sind vermutlich Überlebende aus der Zerstörung ihrer Muttergalaxien, die von NGC 1132 verschlungen wurden, und könnten Hinweise auf den Verschmelzungsprozess liefern. Zahlreiche weiter entfernte Galaxien bilden ein beeindruckendes Hintergrundmuster.

Mit der Verschmelzungshypothese glaubt man heute, dass die Entwicklung von elliptischen Galaxien hauptsächlich durch die Vereinigung kleinerer Galaxien vorangetrieben wird. Wenn die beiden beteiligten Galaxien etwa gleich groß sind, ähnelt die resultierende Galaxie weder der einen noch der anderen. Während des Verschmelzungsprozesses werden sowohl Sterne als auch die Dunkle Materie in jeder der beiden Galaxien durch die sich nähernde andere Galaxie beeinflusst. Während der letzten Phase aber verändert sich das Aussehen der vereinigten Galaxie so schnell, dass sich die Bahnen der Sterne dramatisch verändern und keinerlei Ähnlichkeit mehr mit ihrem Aussehen vor der Kollision haben. Vor dem Zusammenprall zweier Spiralgalaxien kreisen deren Sterne wohlgeordnet in der Galaxienscheibe, aber während der Verschmelzung wird aus dieser geordneten eine ungeordnete Bewegung mit zufällig verteilten Bewegungsmustern. In der resultierenden Galaxie gibt es vor allem Sterne, die das Zentrum in einem komplexen Muster aus zufällig orientierten Bahnen umkreisen – genau, wie wir das in elliptischen Galaxien beobachten können.

Während der Verschmelzungsprozesse, in denen die meisten elliptischen Galaxien entstanden, war die Sternentstehung wesentlich ausgeprägter als jetzt. Damals, vor einer bis zehn Milliarden Jahren, enthielten die Galaxien noch sehr viel mehr Gas. Es gab daher auch mehr Molekülwolken. Außerhalb des Galaxienzentrums prallten solche Gaswolken aufeinander und lösten Stöße aus, die die Entstehung neuer Sterne begünstigten. Im Ergebnis all dieser gewaltigen Vorgänge haben elliptische Galaxien nach der Verschmelzung in der Regel nur sehr wenig Gas übrig behalten, aus denen sich weiterhin neue Sterne bilden könnten.

3 Galaxienkollisionen

NGC 3256

NGC 3256 ist ein beeindruckendes Beispiel für eine pekuliäre Galaxie. Zwei ausgedehnte leuchtende Schweife, die aus der Galaxie herauswachsen, sind die unverkennbaren Zeichen einer vorangegangenen Kollision. NGC 3256 gehört zum Komplex des Superhaufens Hydra-Centaurus und dient als nahegelegener Prototyp für das Studium junger Sternhaufen in Gezeitenschweifen, von denen sich hier besonders viele finden. Das System beherbergt im Zentrum einen Doppelkern sowie ein Knäuel von Staubbahnen.

Wie Schiffe in einer sternenklaren Nacht können Galaxien majestätisch aufeinander zu gleiten, bis ihre wechselseitige Anziehungskraft sie in einen verwickelten Tanz zwingt. Am Ende sind sie auf ewig untrennbar miteinander verwoben. Die Choreografie dieses kosmischen Tanzes gibt die Schwerkraft vor.

„Wenn wir in den Sternenhimmel schauen, bietet sich der Eindruck einer fast unbeweglichen Kuppel. Aber auf kosmischen Zeitskalen ist ein Menschenleben nur ein kurzer Augenblick."

Wenn zwei oder mehrere Galaxien kollidieren, lässt sich das nicht vergleichen mit dem Zusammenprall von zwei Murmeln. Die verschiedenen Bausteine einer Galaxie – Sterne, Staub, Gas, Dunkle Materie – sind über einen großen Raum verteilt und überstehen die Kollision weitgehend unbeschädigt. Im schlimmsten Fall schleudert die Schwerkraft sie aus der Galaxie heraus. Dabei entstehen ausgedehnte Materieströme, die sich über hunderttausend Lichtjahre oder sogar noch weiter erstrecken können.

Die kollidierenden Galaxien selbst sind in einer tödlichen Umarmung gefangen, die durch die Schwerkraft bewirkt wird. Sie umkreisen sich weiterhin, entreißen sich gegenseitig Gas und Sterne und schleudern alles in langen Schweifen in den Kosmos. Erst nach hunderten von Millionen Jahren kommen sie endlich als eine einzige, vereinigte Galaxie zur Ruhe. Man glaubt, dass die meisten – vielleicht sogar alle heute sichtbaren Galaxien, einschließlich der Milchstraße – im Laufe von Milliarden Jahren aus der Vereinigung kleinerer Galaxien entstanden sind.

Durch diese fortwährenden Verschmelzungsprozesse, so meinen Kosmologen, wachsen die Galaxien. Sie werden größer, indem sie Zwerggalaxien verschlingen, die somit gleichsam ihr „Lieblingsgericht" sind.

Galaxienverschmelzungen sind die treibende Kraft in der kosmischen Entwicklung, denn sie lösen heftige Ausbrüche aus, zunächst bei Sterngeburten, dann auch bei Sternexplosionen. Früher waren sie häufiger als heute. Unsere eigene Milchstraße enthält die Überreste der zahlreichen Zwerggalaxien, auf die sie während ihres Milliarden Jahre langen Lebens getroffen ist und die sie sich einverleibt hat. Aber selbst unsere Milchstraße steht nicht an der Spitze der „galaktischen Nahrungskette" (Kapitel 5).

Die ersten Beobachtungen

Wenn wir in den Sternenhimmel schauen, bietet sich der Eindruck einer fast unbeweglichen Kuppel. Aber auf kosmischen Zeitskalen ist ein Menschenleben nur ein kurzer Augenblick. In Wirklichkeit ist das Universum ein brodelnder Kessel, der sich ständig verändert. Um die Bewegung der meisten Sterne und Galaxien zu erkennen, müssten wir sie sehr viel länger verfolgen, als ein Menschenalter dauert.

Arp 81

Arp 81 ist ein in intensiver Wechselwirkung befindliches Galaxienpaar, das wir jetzt so beobachten, wie es vor 100 Millionen Jahren während der größten Annäherung der beiden Partner aussah. Die beiden Partner sind NGC 6621 (rechts im Bild) und NGC 6622 (links). NGC 6621, die größere der beiden, ist eine stark verzerrte Spiralgalaxie. Der lange Schweif, der sich jetzt um ihren Hauptkörper geschlungen hat, wurde aufgrund der Begegnung aus NGC 6621 herausgezogen. Im Gebiet zwischen den beiden Galaxien kommt es zu zahlreichen Sterngeburten, die ebenfalls durch die Kollision ausgelöst wurden. Die Wissenschaftler vermuten, dass Arp 81 sogar noch mehr junge Sternhaufen enthält als die Antennengalaxien, die viel näher als Arp 81 sind. Arp 81 liegt im Sternbild Drache und ist etwa 300 Millionen Jahre von der Erde entfernt.

Erst bei der Beobachtung über einen ausreichend langen Zeitraum hinweg würden wir sehen, wie sich Sterne und Galaxien bewegen. Sterne umkreisen die Zentren von Galaxien, und diese werde durch ihre gegenseitige Anziehungskraft aufeinander zu gezogen. Irgendwann stoßen sie dann zusammen und bilden „neue" Galaxien.

Die ersten Aufzeichnungen von wechselwirkenden Galaxien stammen aus einer Zeit, zu der wir noch nicht einmal wussten, dass Galaxien aus Sternen, Staub und Dunkler Materie bestehen. Der irische Astronom William Parsons, der 3. Earl of Rosse, beobachtete den Himmel über Irland mit seinem berühmten 72-Zoll-Teleskop (1,8 m Spiegeldurchmesser), dem „Leviathan of Parsonstown". Auf einer seiner Zeichnungen von 1845 erkennt man nicht nur eindeutig die Spiralstruktur der Galaxie Messier 51 (M51, die sogenannte Whirlpool-Galaxie) im Sternbild Jagdhunde, sondern auch, dass einer der Spiralarme mit einer Begleitgalaxie verbunden ist. Die Ähnlichkeit dieser Zeichnung mit einer aktuellen Hubble-Aufnahme ist beeindruckend (S. 56). Nicht nur die Anordnung der Verbindung zwischen Haupt- und Begleitgalaxie ist absolut realistisch, sondern auch die dunklen Staubregionen sind klar zu erkennen, wo die Hauptgalaxie vor der Begleiterin vorüberzieht.

3
1
n
5
7
8
15

„Während der ersten Jahre des Zweiten Weltkriegs entwarf Holmberg ein besonders raffiniertes Experiment, das er in einer verdunkelten Scheune in Schweden durchführte."

Die ersten Simulationen

Mit der Verwendung der Fotografie und den immer größer werdenden Teleskopen wurden mehr und mehr wechselwirkende Systeme entdeckt. Das zog die Aufmerksamkeit der theoretischen Astronomen auf sich. Um 1940 katalogisierte der schwedische Astronom Erik Holmberg enge Galaxienpaare und begann sich zu fragen, was bei der Annäherung der Galaxien geschehen könnte. Er wies nach, dass Galaxien häufig zu Paaren oder in Gruppen auftreten, und erkannte, dass man mit statistischen Methoden die Masse von Galaxienpaaren bestimmen kann, wenn man die Bewegung der einzelnen Komponenten des Paars kennt. Seine Beobachtungen führten außerdem zu der Erkenntnis, dass Satellitengalaxien sich oft auf ganz bestimmten Bahnen bewegen – heute als „Holmberg-Effekt" bezeichnet.

Holmberg entwarf während der ersten Jahre des Zweiten Weltkriegs ein besonders raffiniertes Experiment, das er in einer verdunkelten Scheune in Schweden durchführte. Mithilfe von Glühbirnen stellte er die Verteilung von Sternen in einer Galaxie dar. Deren Helligkeit stand für die Stärke der gravitativen Anziehungskraft. Mit Fotozellen wurde dann die „Anziehungskraft" gemessen, und so konnte Holmberg Schritt für Schritt und mit großer Sorgfalt und Geduld den Ereignissen folgen, die während der Begegnung zweier Galaxien stattfinden. Mit seinem Experiment konnte er zeigen, dass bei solchen Kollisionen die Galaxien sich in einer spiralförmigen Bewegung annähern und letztlich verschmelzen. Er entdeckte sogar die Grundzüge der spiralförmigen Gezeitenstrukturen, die Brücken und Schweife, die uns heute so geläufig sind. 1941 veröffentlichte er die Ergebnisse dieser geistreichen Analogsimulation. Sie dürften Holmbergs bedeutendster Beitrag zum Verständnis der Wechselwirkungseffekte auf Galaxien sein.

Dieses Experiment war seiner Zeit so weit voraus, dass die Ergebnisse erst dreißig Jahre später bestätigt wurden. In der dazwischen liegenden Zeit hatten Beobachtungen erstmals den ganzen Reichtum der Formen wechselwirkender Galaxien gezeigt. In Moskau ging Boris A. Woronzow-Weljaminow von den Aufnahmen des Palomar Sky Survey aus und nahm solche sowie anderweitig seltsame Galaxien auf. 1959 veröffentlichte er seinen ersten Katalog, den *Atlas and Catalogue of Interacting Galaxies, Part 1 (Atlas und Katalog wechselwirkender Galaxien, Teil 1)*. Er erschien als limitierter fotografischer Katalog auf Russisch und war längst nicht so weit verbreitet, wie er es verdient gehabt hätte, speziell nicht im Westen.

Die erste Aufzeichnung einer Galaxienkollision

Die Galaxie M51, wie William Parsons sie 1845 gesehen hat (oben), und in einer Aufnahme des Hubble-Weltraumteleskops (unten). William Parsons' Zeichnung ist die erste bekannte Darstellung von wechselwirkenden Galaxien – lange bevor man überhaupt wusste, was Galaxien eigentlich sind.

Die erste Simulation verschmelzender Galaxien

Dies ist eine von Holmbergs bahnbrechenden Abbildungen aus dem Jahr 1941. Er entwarf ein raffiniertes Experiment, das er während des Kriegs in einer verdunkelten Scheune in Schweden durchführte. Glühbirnen stellten darin die Sterne dar.

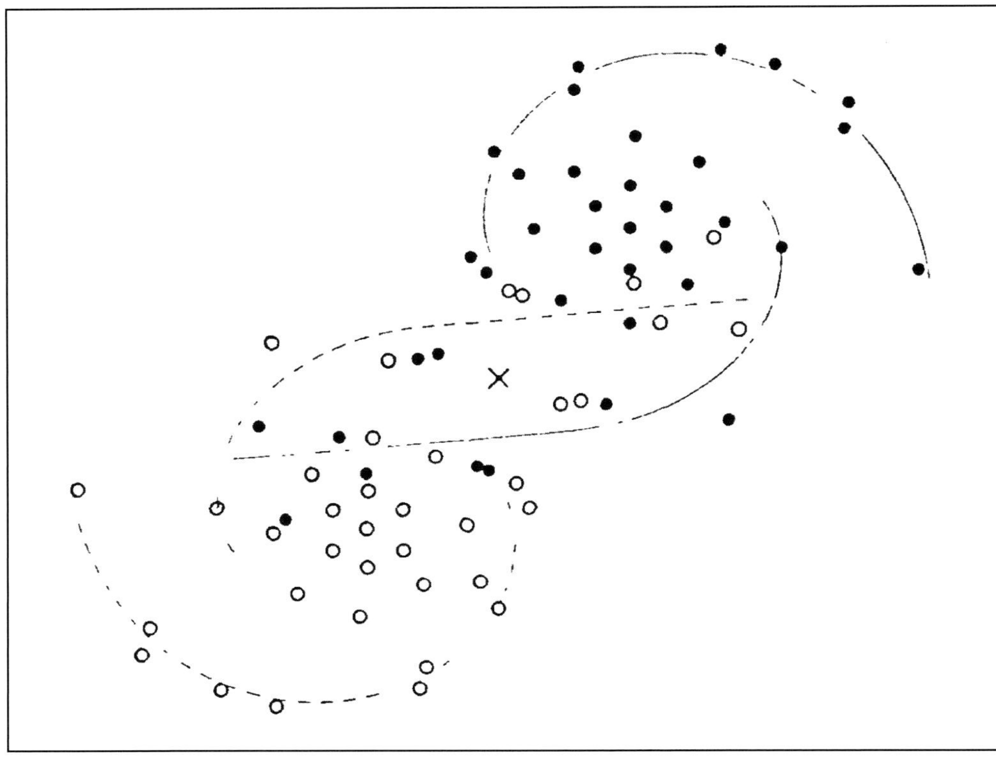

Von dieser Arbeit ausgehend richtete der amerikanische Astronom Halton Arp das große Auge des Palomar-Observatorium im Jahre 1962 auf diese und weitere pekuliäre und wechselwirkende Galaxien. Im Laufe seiner Forschungen entdeckte er so viele davon, dass sein berühmter *Atlas of Peculiar Galaxies (Atlas der pekuliären Galaxien)* von 1966 insgesamt 338 Galaxien umfasst. Dieser Atlas enthält einige der auch heute noch besten Galaxienaufnahmen, die je mit fotografischen Methoden gemacht wurden. Einige der darin gezeigten Galaxienpaare sind nicht nur verzerrt, sondern zeigen auch verbindende Filamente zwischen den Paaren, in denen sich Sterne fanden. Solche Strukturen widersprachen dem damals üblichen, intuitiven Verständnis von der Wirkung der Gravitation.

Arp stellte seinen bahnbrechenden Katalog in dem Versuch zusammen, das Rätsel der bizarren Galaxienformen zu lösen. Er arbeitete mit Barry Madore bei der Erstellung eines umfassenderen Katalogs des Südhimmels zusammen, der 1987 veröffentlicht wurde. Heute versteht man die eigenartigen Strukturen von Galaxien, die Arp und andere Astronomen auf ihren Aufnahmen sahen; es sind die Ergebnisse des teils destruktiven, teils konstruktiven Tanzes, den kollidierende Galaxie aufführen.

In der Online-Datenbank der NASA mit extragalaktischen Objekten kann man die sehr schönen, digitalisierten Versionen der fotografischen Originalplatten selbst betrachten (siehe die Quellenangaben am Ende des Buchs, S. 138).

Den Weg für richtige Computersimulationen verschmelzender Galaxien bahnten 1972 die beiden estnischen Brüder Alar und Juri Toomre. Sie wiesen nach, dass Galaxienpaare sich einander mit sehr hoher Geschwindigkeit nähern, die mehrere hunderttausend Kilometer pro Stunde betragen kann. Weil aber die Entfernungen zwischen den Sternen

Staubbahnen in NGC 520

Die verdrehten Staubbahnen in der Galaxie NGC 520 (auch als Arp 157 bezeichnet) sind das Ergebnis einer Kollision zweier Scheibengalaxien, die vor 300 Millionen Jahren begann. Das System zeigt beispielhaft die mittlere Phase einer Galaxienverschmelzung: Die Scheiben der Galaxien sind bereits vereinigt, aber die Kerne sind noch nicht zusammengewachsen. Es weist außerdem einen seltsam aussehenden Gezeitenschweif aus Sternen und eine deutlich sichtbare Staubbahn auf, die quer durch das Bild läuft und die Galaxie teilweise verdeckt. NGC 520 ist eines der hellsten Galaxienpaare am Himmel und kann schon mit einem kleinen Teleskop in Richtung des Sternbilds Fische beobachtet werden. Es sieht dann wie ein kleiner Komet aus. Es ist etwa 100 Millionen Lichtjahre weit entfernt und ungefähr 100.000 Lichtjahre groß.

so riesig sind, kommt es relativ selten zu „richtigen" Zusammenstößen. In den meisten Fällen gibt es während einer Verschmelzung nur eine gegenseitige Beeinflussung allein durch die Gravitation, die sich in ungeheuren Gezeitenkräften auf die sich vermischenden Galaxien äußert. Sie treten als Folge der Anziehungskraft der gigantischen Massen auf.

Mit einer Computertechnik, die im Vergleich zu modernen Varianten ziemlich primitiv erscheint, konnten die Brüder Toomre die Whirlpool-Galaxie sowie einige der besonders rätselhaften Paare aus Arps Atlas modellieren. Das waren das „Mäusepaar" (Seite 87) und die Antennengalaxien (Titelbild). Die meisten Astrophysiker mussten erkennen, dass ihre intuitive Vorstellung, wie die Schwerkraft Galaxien beeinflussen könnte, sie in die Irre geführt hatte. Der Grund ist, dass die Materie in Galaxien über große Räume verteilt ist und dadurch auf eine Störung anders reagiert als vermutet. Die „Schadenshöhe" einer solchen Störung hängt stark davon ab, wie groß die Relativgeschwindigkeit zwischen den beiden Galaxien ist, aber auch, unter welchem Winkel sie aufeinander treffen, wie schnell sie rotieren und in welchem Sinn, und noch von einigen anderen Faktoren.

Frühe Simulation im Computer

Eine der ersten Simulation der estnischen Brüder Alar und Juri Toomre, die zeigt, wie sie die Galaxie M51 in den Jagdhunden (die Whirlpool-Galaxie) modellierten.

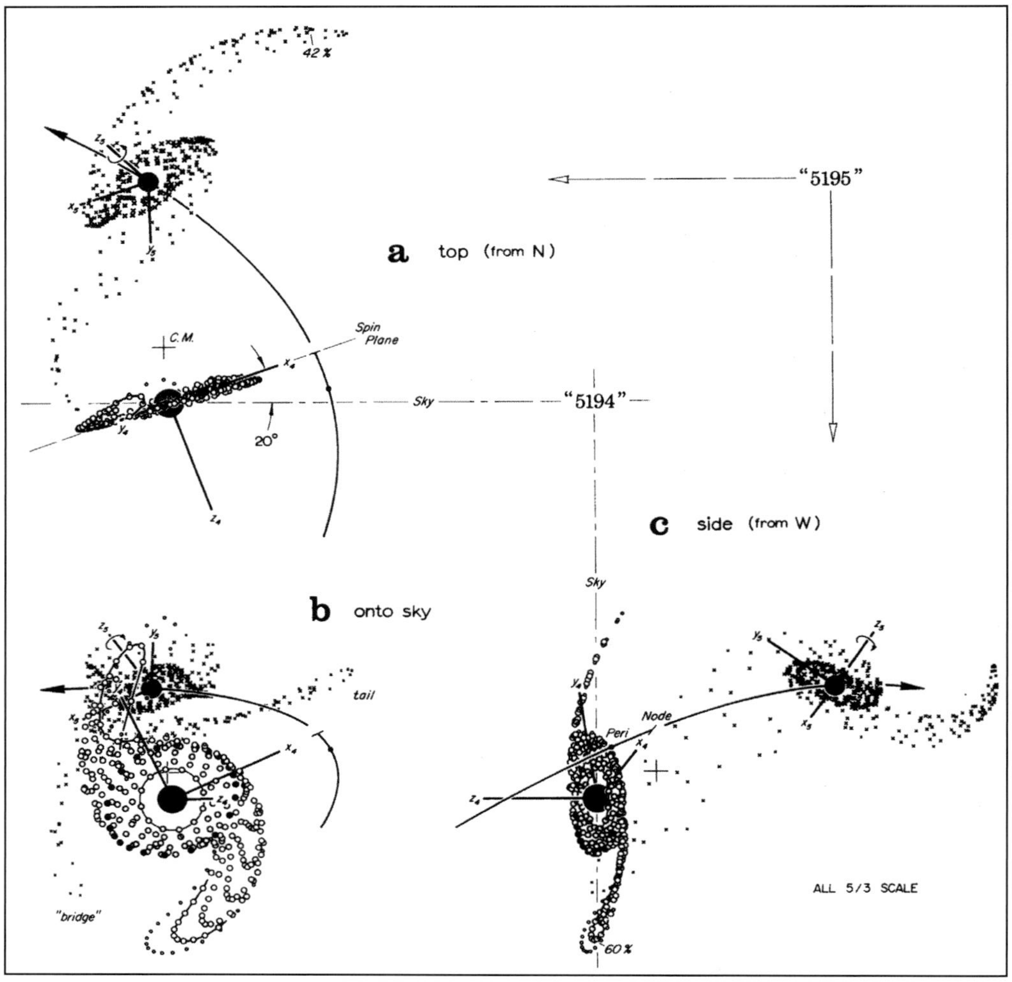

Wegen der beschränkten Leistungsfähigkeit der damaligen Computer mussten die Brüder Toomre einige vereinfachende Annahmen treffen. So konzentrierten sie die Masse einer Galaxie in deren Zentrum; jeder Massenpunkt in der Simulation stand für Milliarden Sterne, usw. Dennoch konnten sie die Gezeitenerscheinungen, die der Intuition widersprachen, überzeugend darstellen. Als die Computersimulationen im Zuge des technologischen Fortschritts immer realistischer wurden, konnte man durch Simulation nicht nur die Formen von Galaxienpaaren, sondern auch die Bewegungen innerhalb der Galaxien ganz so reproduzieren, wie sie auch beobachtet wurden. Mittlerweile kann man auch die Bewegungen von Sternen, Gas und Dunkler Materie getrennt und jeweils einzeln darstellen. Seitdem wächst die Zahl der Teilchen in den Simulationen mit jedem Jahr, ebenso werden die Methoden immer mehr verfeinert.

Sternengeburt

Die Beobachtungen kollidierender Galaxien hat nicht nur gezeigt, dass die Form der beteiligten Galaxien sich ändert; auch ihre Farben, Helligkeit und Temperatur werden durch die

„Ein bedeutsamer Aspekt der zusätzlichen Entstehung von Sternen in kollidierenden Galaxien wurde aber erst richtig erkannt, als der scharfe Blick des Hubble-Teleskops auf ausgewählte Systeme gerichtet wurde.“

Wechselwirkung beeinflusst. Im infraroten Wellenlängenbereich enthüllen Beobachtungen, dass einige der wechselwirkenden Galaxien die höchsten Sternentstehungsraten aufweisen, die wir im heutigen Universum finden können. Die gewaltigen Kräfte, die während einer Verschmelzung auftreten, lässt in einigen Galaxien jedes Jahr Tausende Sonnenmassen ihrer Materie zu Sternen werden. In der Milchstraße entsteht dagegen im Mittel nur etwa ein Stern pro Jahr. Obwohl Sterne sich fast niemals so nahe kommen, dass sie während des Verschmelzens wirklich kollidieren, prallen aber sehr wohl riesige Molekülwolken zusammen. Dadurch wird in den Wolken die Kondensation zu neuen Sternen angeregt.

Paare oder Gruppen wechselwirkender Galaxien sind im Allgemeinen blauer als einzelne Galaxien. Außerdem ist ihre Farbe auf eine solche Art blauer, die nur mit einer erhöhten Sternentstehungsrate erklärt werden kann. 1983 starteten die Raumfahrtorganisationen der USA, der Niederlande und Großbritanniens einen gemeinsamen astronomischen Infrarotsatelliten (*Infrared Astronomical Satellite*, IRAS). Er entdeckte eine Handvoll Galaxien, die außerordentlich starke Infrarotquellen sind. Einige dieser„Ultraluminous Infrared Galaxies“ (ULIRGs oder „ultrahelle Infrarotgalaxien“) strahlen eine Billion Mal mehr Energie aus als die Sonne, und zwar hauptsächlich im fernen Infrarot. Zwei dieser als „IRAS-Galaxien“ identifizierten Objekte waren Arp 220 (Seite 62) und NGC 6240 (Seite 63). Beide Systeme weisen all die üblichen Anzeichen einer Galaxienverschmelzung auf, wie man sie kurz vor dem Ende des Prozesses beobachtet, wenn sich zwei Galaxienkerne in Spiralen aufeinander zu bewegen. Weiterreichende Untersuchungen bestätigten, dass nahezu alle ULIRGs Galaxien sind, die entweder unter dem Einfluss starker Wechselwirkung stehen oder bereits verschmelzen. Der ungeheure Anstieg der Sternentstehungsrate, der für die Energie verantwortlich ist, durch den die Galaxien aufgeheizt werden, muss durch die Kollision ausgelöst worden sein.

Ein bedeutsamer Aspekt der zusätzlichen Entstehung von Sternen in kollidierenden Galaxien wurde aber erst richtig erkannt, als der scharfe Blick des Hubble-Teleskops auf ausgewählte Systeme gerichtet wurde. Zu den allerersten wissenschaftlichen Ergebnissen des Hubble-Teleskops gehörte der Befund, dass sich in Galaxien mit sehr aktiver Sternentstehung große Mengen an Super-Sternhaufen befinden; dies gilt insbesondere dann, wenn sie sich in kollidierenden und verschmelzenden System befinden. (Als Super-Sternhaufen bezeichnet man Sternhaufen, die kompakter und reicher an jungen Sternen sind als diejenigen, die wir in unserer kosmischen Nachbarschaft sehen.)

Arp 220, eine der zuerst entdeckten ultrahellen Infrarotgalaxien

Arp 220 sieht auf den ersten Blick aus wie eine einzelne Galaxie von ungewöhnlicher Form. Aber tatsächlich handelt es sich dabei um ein nahegelegenes Beispiel für die Nachwirkungen einer Kollision zweier Spiralgalaxien. Von den drei der Erde am nächsten stehenden verschmolzenen Objekten ist es das hellste. Es steht im Sternbild Schlange, 250 Millionen Lichtjahre von uns entfernt. Die Kollision, die vor etwa 700 Millionen Jahren begann, hat einen Sternentstehungsausbruch ausgelöst. Dieser führte zu 200 riesigen Sternhaufen, die dicht gedrängt in einer Staubregion von etwa 5000 Lichtjahren Durchmesser stehen (das entspricht fünf Prozent des Durchmessers der Milchstraße). In diesem kleinen Gebiet befindet sich soviel Gas wie in der gesamten Milchstraße. Die Sternhaufen sind die bläulich-weißen Pünktchen, die man in dieser Hubble-Aufnahme erkennt. Arp 220 leuchtet am hellsten im Infraroten und war eine der ersten sogenannten ultrahellen Infrarotgalaxien, die entdeckt wurden. Frühere Hubble-Beobachtungen, die im Infraroten bei Wellenlängen durchgeführt wurden, die den Staub durchdringen können, zeigten die Kerne der beiden Muttergalaxien; sie sind schon beinahe miteinander verschmolzen und nur noch durch eine Lücke von 1200 Lichtjahren getrennt.

NGC 6240 – die letzten Phasen einer Kollision

NGC 6240 ist eine pekuliäre Galaxie, deren Form an einen Schmetterling oder einen Hummer erinnert. Sie besteht aus zwei kleineren verschmelzenden Galaxien und steht im Sternbild Schlangenträger (Ophiuchus), etwa 400 Millionen Lichtjahre entfernt. Beobachtungen mit dem NASA-Röntgensatelliten Chandra haben zwei riesige Schwarze Löcher nachgewiesen, die nur 3000 Lichtjahre voneinander entfernt sind und sich aufeinander zu bewegen. Wenn sie schließlich miteinander verschmelzen werden, entsteht daraus ein einzelnes, noch größeres Schwarzes Loch. Die Verschmelzung der Galaxien, die vor etwa 30 Millionen Jahren begann, hat einen dramatischen Anstieg der Sternentstehung bewirkt und zu einem Feuerwerk von Supernova-Explosionen geführt. Er wird in einigen 10 bis 100 Millionen Jahren zu Ende sein. Die Hubble-Daten wurden hier mit den im Infrarot gewonnenen Daten des Spitzer-Weltraumteleskops kombiniert.

„Ein supermassives Schwarzes Loch inmitten einer Galaxie nährt sich von dem Gas und den zerrissenen Sternen aus seiner Umgebung.“

Derzeit liegt der Schwerpunkt der Forschungsarbeiten darauf herauszufinden, wie sich diese massereichen Sternhaufen in der Zukunft entwickeln werden. Sie sehen ziemlich genau so aus, wie unserer Kenntnis nach die alten Kugelsternhaufen in der Milchstraße und anderen Galaxien wohl einmal aussahen, als sie noch sehr jung waren.

Wenn sich die Super-Sternhaufen wirklich in Kugelsternhaufen verwandeln, würde das ein wichtiges Problem der Verschmelzungshypothese lösen. Elliptische Galaxien besitzen oft eine größere Zahl von Kugelsternhaufen mit alten Sternen, die nur schwer einen Verschmelzungsvorgang hätten überstehen können. Falls jedoch die Verschmelzungen Sterne vorzugsweise in Super-Sternhaufen entstehen lassen und diese im Lauf der Zeit sich so entwickeln, dass sie wie Kugelsternhaufen aussehen, kann die Verschmelzungshypothese Vieles gut erklären.

Wovon sich Schwarze Löcher nähren

Ein supermassives Schwarzes Loch, das im Kern einer Galaxie sitzt, nährt sich von dem Gas und den zerrissenen Sternen aus seiner Umgebung. Dieses Material sammelt sich beim Einfall in einer rotierenden Scheibe um das Schwarze Loch. Ein kleiner Teil kommt aber nie im Schwarzen Loch an, sondern wird durch das vorhandene Magnetfeld beschleunigt und mit fast Lichtgeschwindigkeit in Form von zwei Materiestrahlen, sogenannten Jets, in entgegengesetzte Richtungen weggeblasen (wie beispielsweise im Fall von NGC 4438 auf Seite 26). Dabei wird oft reichlich Radiostrahlung emittiert. Sollte einer dieser beiden Strahlen näherungsweise in unsere Richtung zeigen, haben wir einen fast unverstellten Blick in die direkte Umgebung des Schwarzen Lochs. Dort wird sehr viel Licht abgestrahlt, und wir sehen einen Quasar. Blicken wir dagegen von der Seite auf die Scheibe um das Schwarze Loch, steht uns deren Material im Blick, und die Vorgänge um das Schwarze Loch bleiben verborgen. Erst in den letzten Jahrzehnten wurde den Astronomen bewusst, dass viele der verschiedenen bekannten Typen von sogenannten „aktiven Galaxien“ ganz einfach dadurch zustande kommen, dass wir sie unter verschiedenen Blickwinkeln sehen und sie dadurch so unterschiedlich erscheinen.

Prächtige Galaxie Messier 82

Lange Zeit nach einer Begegnung mit der großen Nachbarin Messier 81 zeigt Messier 82 noch immer Zeichen einer Störung durch eine andauernde Phase heftigster Sternentstehung. Die riesigen Staubbahnen, die die Scheibe von Messier 82 durchziehen, sind ein weiteres Indiz für die gehäuften Sterngeburten in dieser Galaxie. Die vielen neuen und heißen Sterne strahlen nicht nur, sie verlieren auch Materie. Dieser Effekt wird „Sternwind" genannt. Die Winde all der neuen, heißen Sterne verbinden sich zu einem kräftigen galaktischen Superwind, der genügend Gas komprimiert, um noch weitere Millionen Sterne zu erzeugen. Außerdem wird heißes, ionisiertes Wasserstoffgas aus der Galaxie getrieben, das als weit in den Raum ragende Schwaden ober- und unterhalb der Galaxie sichtbar ist (in der Aufnahme rot gefärbt). Die meisten der blassen Objekte, die über Messier 82 verstreut sind und wie ausgefranste Sterne aussehen, sind in Wirklichkeit massereiche Super-Sternhaufen mit einer typischen Größe von 20 Lichtjahren; sie bestehen aus bis zu einer Million Sternen.

Ein Feuerwerk neuer Sterne in Arp 256

Arp 256 ist ein atemberaubendes System aus zwei Galaxien, das sich in einer frühen Phase der Vereinigung befindet. Die Hubble-Aufnahme zeigt zwei Galaxien, deren Formen stark verzerrt sind und die eine erstaunlich hohe Zahl blauer Sternentstehungsgebiete aufweisen, die wie die Explosionen eines Feuerwerks wirken. Die linke Galaxie besitzt auch zwei ausgedehnte, bandartige Fahnen aus Gas, Staub und Sternen. Das System ist dazu noch im Infraroten sehr hell, wo es mehr als hundert Milliarden Mal soviel Energie ausstrahlt wie unsere Sonne. Es befindet sich im Sternbild Cetus, dem Wal, und ist 350 Millionen Lichtjahre weit entfernt.

IC 1623

Die interessante Galaxie IC 1623 strahlt sehr hell im Infraroten. Außerdem bestätigen Beobachtungen die Vermutung, dass IC 1623 sich dem Ende eines Verschmelzungsprozesses nähert. In diesem letzten Stadium nämlich kann ein starker Zustrom von Gas ins Zentrum einen so heftigen Ausbruch von Sterngeburten auslösen, dass die Infrarothelligkeit über den Mindestwert für „ultrahelle" Objekte steigt. Am Ende könnte sich IC 1623 in ein kompaktes System ähnlich Arp 220 entwickeln, in dem immer noch viele Sterne neu entstehen. IC 1623 ist 300 Millionen Lichtjahre weit entfernt.

Heimatgalaxie eines Quasars

Hubble hat hier einen Quasar zusammen mit seiner Muttergalaxie aufgenommen, die normalerweise völlig vom Licht des Quasars überstrahlt wird. Die meisten solcher Galaxien, die Quasare beherbergen, sind verzerrt, – ein klarer Hinweis darauf, dass man sie während einer Verschmelzungsphase erwischt hat. Hier findet man um den Quasar im Zentrum mindestens fünf Schalen, die alle aus Sternen bestehen. Die unausweichliche Schlussfolgerung ist, dass Galaxienkollisionen Aktivitäten des Schwarzen Lochs im Zentrum von aktiven Galaxien auslösen können.

Es hatte schon lange Hinweise darauf gegeben, dass Galaxienkollisionen günstige Bedingungen für das Auftreten von aktiven Galaxien schaffen. Die vielleicht überzeugendste Verbindung zwischen beiden Phänomenen trat in Hubble-Aufnahmen von Galaxien um Quasare auf (s. Abb. oben). Normalweise verschwinden solche Galaxien im nebelhaften und strahlenden Licht ihrer Kerne, wenn man sie vom Erdboden aus betrachtet. Aber mit Hubble konnte man erkennen, dass viele dieser Galaxien nicht nur Begleiter haben, die mit ihnen wechselwirken, es wurden auch Aussagen über deren Typ möglich: Es sind sehr kleine Begleiter, die der Quasargalaxie entweder außerordentlich nahe sind oder sogar in ihr liegen. In solch einer Konfiguration ist es aus theoretischer Sicht sehr gut möglich, dass Sterne und Gas nach innen und außen geleitet werden, so dass ein bislang schlafendes Schwarzes Loch erwacht und eine Quasar-Phase eingeleitet wird. Es wird nämlich Gas in den Schlund des Schwarzen Lochs gefüttert, das im Zentrum der großen Galaxie sitzt, und das bewirkt, dass der Galaxienkern unvorstellbare Mengen an Energie freisetzt.

Es gibt noch weitere Hinweise darauf, dass ein supermassives Schwarzes Loch in der Lage ist, das Wachstum von Galaxien durch einen bislang nicht völlig verstandenen Rückkopplungsmechanismus zu regulieren. Möglicherweise nährt sich das Schwarze Loch vom umgebenden galaktischen Material und erzeugt dabei enorme Mengen an Energie, die in Form von Licht abgegeben wird. Dadurch wird die Umgebung so stark aufgeheizt, dass es nicht mehr abkühlen und zu neuen Sternen kondensieren kann. So wird die Sternentstehung in den Muttergalaxien von Quasaren abgeschaltet, sobald sie eine gewisse Größe erreicht haben. Die Aktivität des Schwarzen Lochs ist möglicherweise auch dafür verantwortlich, dass in einer elliptischen Galaxie auch der letzte Vorrat an Gas, der noch vorhanden ist, ausgestoßen wird, so dass ab einem bestimmten Punkt die Entstehung neuer Sterne völlig zum Erliegen kommt.

NGC 1275 – ein Drama mit Magnetfeld und Schwarzem Loch

Diese verblüffende Aufnahme von NGC 1275 zeigt erstaunliche und gut aufgelöste Details der zarten Filament-Strukturen, die diese riesige elliptische Galaxie umgeben. Im Bild erscheinen sie als rötliche Streifen. Die Filamente selbst sind kühl, obwohl sie von 55 Millionen Grad heißem Gas umgeben sind. Sie schweben in einem Magnetfeld, das ihre Struktur aufrecht erhält. Auf diese Weise wird Energie aus dem Schwarzen Loch in das umgebende Gas geschafft. Mit diesem Bild gelang es den Astronomen zum ersten Mal, die nur 200 Lichtjahre dicken „Staubfäden" der Filamente voneinander zu unterscheiden. Das ganze Bild erstreckt sich über vielleicht 260.000 Lichtjahre. Ferner kann man in der Aufnahme deutlich Staubbahnen erkennen, die zu einer anderen – teilweise vor der Riesenellipse stehenden – Spiralgalaxie des Galaxienhaufens gehören. Diese Galaxie ist durch die Gezeitenkräfte im Haufen bereits völlig zerrissen worden. NGC 1275 ist die Zentralgalaxie des Haufens. Schließlich sieht man noch einige Filamente aus blauen, neugeborenen Sternen, die das ganze Bild durchziehen.

4 Kollidierende Galaxien – der Film

NGC 2623

Diese spektakuläre Aufnahme von NGC 2623 wurde durch das Zusammenfügen mehrerer Datensätze des Hubble-Teleskops gewonnen. Die Galaxie zeigt zwei ausgeprägte, 80.000 Lichtjahre lange Gezeitenschweife sowie ein Netz aus Staubbahnen. Das hervorstechendste Merkmal in diesem Bild ist eine Gruppe von etwa 100 Sternhaufen (die Auflösung des Bilds reicht nicht aus, die einzelnen Sterne zu erkennen). Diese Gruppe ist eines der reichsten und kompaktesten Gebieten mit hellen Sternhaufen, das wir kennen.

Wir haben nur einen einzigen Beobachtungsposten im All, unsere Erde, und auch nur eine sehr begrenzte Beobachtungsspanne, unsere Lebenszeit; daher können wir uns kein vollständiges Bild machen von den in allen drei Dimensionen stattfindenden Vorgängen, wenn Galaxien kollidieren, sich verbiegen und im Raum drehen. Aber die hohe Auflösung des Hubble-Teleskops versorgt uns mit so vielen Momentaufnahmen der verschiedenen Phasen einer Kollision, dass wir daraus Bild um Bild den „Film" einer kompletten Galaxienkollision zusammensetzen können.

„Ein Großteil der Unterschiede zwischen den diversen Galaxienkollisionen lässt sich damit erklären, dass wir sie unter jeweils verschiedenen Blickwinkeln und in verschiedenen Phasen beobachten.“

Stellen Sie sich vor, Sie könnten beliebig in der Zeit vor und zurück reisen und sich mit einer Geschwindigkeit durch den Weltraum bewegen, die viel höher als die des Lichts ist. Wenn Sie dann eine Galaxienkollision von ihrem Anfang bis zum Ende über Milliarden Jahre hinweg verfolgen und sie aus verschiedenen Blickwinkeln betrachten könnten, würden Sie eine atemberaubende Vielzahl von Phänomenen entdecken, die so noch niemals gesehen wurden. Das ist natürlich nur ein unmöglicher Traum, aber zumindest teilweise können wir ihn verwirklichen, indem wir eine Kollision im Supercomputer unter Verwendung der korrekten physikalischen Gesetze simulieren. Auf den folgenden drei Seiten zeigen wir jeweils links die Bilder aus einer solchen Supercomputer-Simulation; sie stellt die gesamte Kollision wie in einem Film von verschiedenen Blickwinkeln aus dar. Da wir eine solche Kollision nicht wirklich über die entsprechenden Zeiträume hinweg verfolgen können, vergleichen wir die Simulation mit Hubble-Aufnahmen von *verschiedenen* Galaxienpaaren, die miteinander in Wechselwirkung stehen (jeweils rechte Spalte). In gewisser Weise ist das, als wollte man die kulturellen Beziehungen der Menschen auf der Erde durch jeweils ein Foto einer jeden Stadt rekonstruieren. Das ist sicher keine einfache Aufgabe, aber die Übereinstimmungen zwischen der Simulation und den Aufnahmen sind verblüffend. Solche Vergleiche von theoretischen Simulationen und hoch aufgelösten Beobachtungen gestatten den Astronomen, diese gigantischen Zusammenstöße besser zu verstehen. Und sie machen klar, dass ein Großteil der Unterschiede zwischen den diversen Galaxienkollisionen sich damit erklären lässt, dass wir sie unter jeweils verschiedenen Blickwinkeln und in verschiedenen Phasen beobachten.

Die Bildfolge beginnt mit zwei getrennten und ungestörten Spiralgalaxien von etwa derselben Größe. Allmählich beginnen die beiden Körper sich anzuziehen; dabei entstehen Stoßwellen, die den Prozess der Sternentstehung anregen. Lange Stern- und Gasschweife werden durch die Gezeitenwirkung herausgelöst, und mit der Zeit werden die noch vorhandenen Strukturen in den Galaxien dadurch verwischt, dass die Schweife entweder im Raum verloren gehen oder auf die durch Verschmelzung neu entstandene Galaxie herabregnen. Noch etwas länger bleiben nur zwei supermassive Schwarze Löcher bestehen – die einzigen Hinweise auf die Vergangenheit der vereinten Galaxie, die nun ihre Spiralstruktur völlig verloren hat und immer mehr wie eine elliptische Galaxie aussieht.

AM0702-601 besteht aus einem Paar weit getrennter Galaxien, deren gegenseitige Beeinflussung vermutlich gerade erst beginnt. Erste Anzeichen der Wechselwirkung sieht man in der linken Galaxie, wo sich die äußeren Bereiche der Spiralstruktur ausgedehnt haben: Dort beginnt sich ein Gezeitenschweif aus Materie auszubilden, der in den Weltraum wächst.

Erste Annäherung **1**

Arp 302 besteht aus einem Paar sehr gasreicher Spiralgalaxien in einer frühen Phase der gegenseitigen Beeinflussung. Links blickt man auf die Kante von VV 340A, rechts auf die Scheibe von VV 340B. Das Gas strahlt ungeheure Mengen an infrarotem Licht ab. Es stammt von massereichen Sternen, die sich hier in einer Häufigkeit bilden, wie wir sie nur von den aktivsten und größten Sternentstehungsgebieten unserer Milchstraße kennen.

Begegnung! **2**

Nach einer der ersten Begegnungen wurde in Arp 148 zunächst Materie ins Zentrum der rechten Galaxie gezogen; durch die dabei ausgelöste Stoßwelle expandierte die Materie dann in Ringform wieder nach außen.

Durchdringung **3**

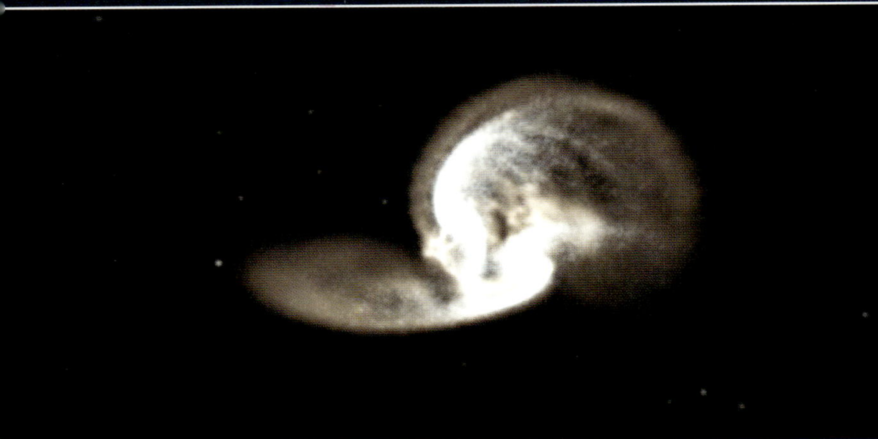

4 Ein weiterer Durchgang, hier zum Zeitpunkt der größten Annäherung

IC 2545 mag schön sein, doch seine Form täuscht den Betrachter. Das Objekt sieht aus wie eine einzige S-förmige Galaxie, ist aber tatsächlich ein Paar von verschmelzenden Galaxien, die wir mitten in ihrer gegenseitigen Durchdringung sehen. Die beiden Galaxienkerne sind im Zentrum noch getrennt zu erkennen. Andere verräterische Anzeichen einer Kollision sind die langen Gezeitenarme aus Gas und Sternen, die aus der Zentralregion herausgeschleudert wurden. Der Arm, der in der Aufnahme nach oben und im Uhrzeigersinn zeigt, enthält wieder viele blaue Sternhaufen. IC 2545 steht im Sternbild Antlia (Luftpumpe), etwa 450 Millionen Lichtjahre von uns entfernt.

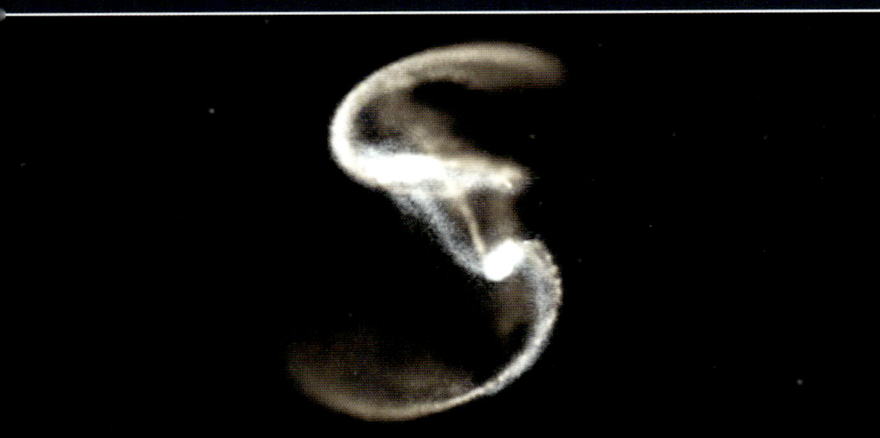

5 Beginn der Verzerrung; Gezeitenschweife

Das beeindruckende Galaxienpaar ESO 77-14 zeigt eindeutige Zeichen der Sogwirkung, die von der Anziehungskraft zwischen den beiden Galaxien ausgeht, nämlich eine Materiebrücke zwischen den beiden zerrissenen Hauptkörpern. Die rechte Galaxie besitzt einen langen, bläulichen Arm, ihre Begleiterin einen kürzeren und röteren Arm. Die beiden Galaxien stehen im Sternbild Indus (Indianer), ungefähr 550 Millionen Lichtjahre von der Erde entfernt. Die Staubbahnen zwischen den Galaxien, die in ausgedehnte dreidimensionale Formen verbogen wurden, zeigen, wie weit die Verzerrung der ursprünglich flachen Scheiben bereits gediehen ist.

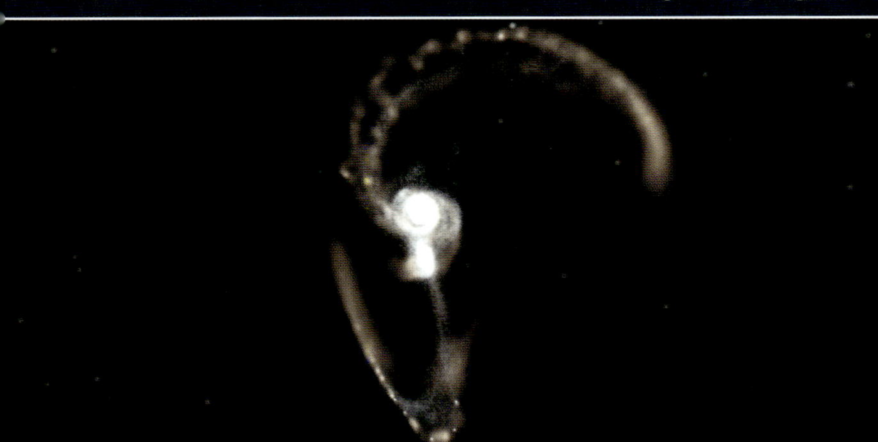

6 Gezeitenschweife winden sich um die Galaxien

In der pekuliären Galaxie ESO 286-19 (hier gespiegelt gezeigt, damit das Bild dieselbe Orientierung hat wie die Simulation) hat es einen Ausbruch an Sternentstehung gegeben, der vor etwa 8 Millionen Jahren verebbt ist. Das Vorhandensein der Gezeitenschweife ist ein klarer Beleg für eine Galaxienverschmelzung; als die Galaxien kollidierten und ihre äußeren Bereiche sich ablösten, wurden dabei Gas und Sterne durch die Wirkungen der Gravitation herausgerissen. Solche Gezeitenschweife können noch lange Zeit nach der endgültigen Verschmelzung bestehen. Die Entfernung zu ESO 286-19 beträgt 600 Millionen Lichtjahre. Diese Galaxie ist außerdem eine außerordentliche helle Infrarotquelle.

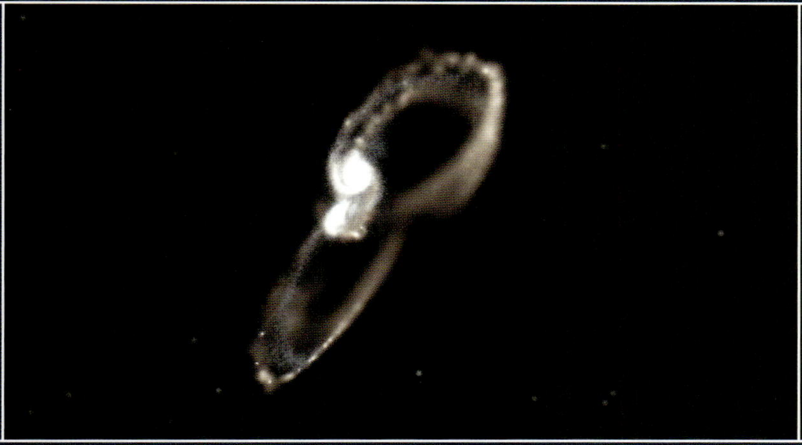 

Markarian 848 besteht aus zwei Galaxien, die sich gegenseitig zu umfangen scheinen; das Gesamtgebilde erinnert an einen Hund, der sich in seinen eigenen Schwanz beißt. Aus einem Zentralgebiet mit zwei Kernen ragen zwei lange, stark gekrümmte Arme aus Gas und Sternen hervor. Der im Gegenuhrzeigersinn gebogene Arm reicht in den unteren Teil des Bilds, wo er seine Richtung ändert und sich mit dem anderen Arm verbindet, der von oben im Uhrzeigersinn nach unten führt. Die beiden Kerne sind 16.000 Lichtjahre voneinander getrennt. Das System steht im Sternbild Boötes (Aussprache: Bo-otes), dem Bärenhüter, und ist etwa 550 Millionen Lichtjahre von uns entfernt.

Die Schweife verbinden sich, die Kerne verschmelzen **7**

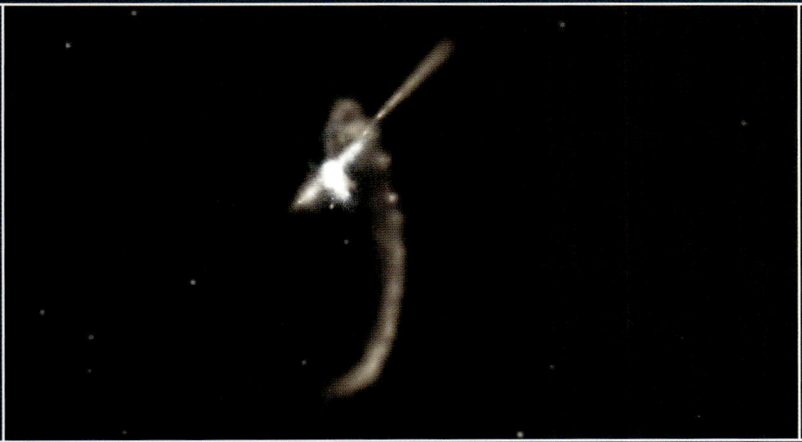 

ESO 148-2 ähnelt einer fliegenden Eule. Das Objekt besteht aus einem Paar ehemaliger Scheibengalaxien, die miteinander kollidiert sind. Die Kerne der beiden Galaxien sind in heißem Staub gebettet und voller Sterne. Zwei riesige „Flügel" schwingen aus dem Zentrum heraus und krümmen sich in entgegengesetzte Richtungen. Die „kosmische Eule" ist eine der leuchtkräftigsten Infrarotgalaxien, die wir kennen, und befindet sich etwa 600 Millionen Lichtjahre von uns entfernt.

Kerne vereinigt, Gezeitenarme regnen noch auf die neu vereinigte Galaxie **8**

NGC 4650A, eine Galaxie mit einem Polring

In einer Entfernung von etwa 130 Millionen Lichtjahren findet man NGC 4650A, eine von lediglich hundert bekannten Galaxien, die einen Polring besitzen. Diese ungewöhnliche Struktur – eine Scheibe mit einem Ring – ist noch nicht gänzlich verstanden. Die Überreste von einer der beiden Galaxien wurden zu einer rotierenden inneren Scheibe mit vielen alten, roten Sternen in ihrem Zentrum. Das Gas der anderen, vermutlich kleineren Galaxie wurde ihr entrissen und von der größeren Galaxie eingefangen. Daraus entstand ein neuer Ring aus Staub, Gas und Sternen, der fast senkrecht zur Scheibe steht und um sie rotiert – der Polring. Wir blicken fast exakt auf seine Kante.

„Wenn Galaxien kollidieren, hängt das Ergebnis nicht nur davon ab, wie nahe sie sich kommen, sondern auch von davon, unter welchem Winkel sie sich begegnen und wie ihre Rotationsachsen zueinander stehen."

Die Einzelheiten einer Galaxienkollision hängen verständlicherweise davon ab, wie sehr sich die Massen der beteiligten Galaxien ähneln, mit welcher Geschwindigkeit und unter welchem Winkel sie aufeinander treffen und wie dieser zur Richtung der Rotationsachsen der beiden Galaxien steht. Es gibt eine Vielzahl von seltsam aussehenden Systemen, beispielsweise solche mit Polringen, wo sich Trümmer eine Zeitlang in Ringen ansammeln, die sich von Pol zu Pol der größeren Galaxie erstrecken (siehe Seite 76).

Wenn Galaxien kollidieren, hängt das Ergebnis nicht nur davon ab, wie nahe sie sich kommen, sondern auch von davon, unter welchem Winkel sie sich begegnen und wie ihre Rotationsachsen zueinander stehen. Wenn die Galaxien in entgegengesetztem Drehsinn rotieren, können bei der Annäherung schnelle Änderungen auftreten; wenn sie dagegen im selben Sinn rotieren, können sie die gegenseitige Bewegung vorübergehend sogar verstärken.

Begegnungen auf Höhe der galaktischen „Äquatorebenen" erzeugen häufig zwei symmetrische Gezeitenarme, ein Aufeinandertreffen an den Polen hingegen bewirkt eher eine sehr einseitige Verzerrung. Sogenannte „retrograde" oder „gegenläufige" Begegnungen, bei denen der Begleiter sich entgegen der Drehrichtung einer zweiten Galaxie nähert, verursachen weniger großräumigen Schaden und kräuseln die galaktische Scheibe nur.

Die dünnen Scheiben von Spiralgalaxien werden von den Wissenschaftlern als „kalt" bezeichnet, weil alle Sterne und auch das Gas sich auf fast denselben Bahnen bewegen. Bei einer Störung können sie zu dünnen Brücken, Schweifen und verbogenen Armen auseinandergezogen werden, bleiben aber individuell erkennbar. Dagegen gibt es in elliptischen Galaxien Sterne, die sich in alle denkbaren Richtungen bewegen. Daher bildet sich dort bei Störungen durch die Schwerkraft ein sehr breiter Fächer von Sternen oder eine allgemeine Asymmetrie. NGC 454 (auf Seite 78) zeigt sehr klar diese unterschiedlichen Auswirkungen bei den beiden Arten von Galaxien.

Gravitative Störungen, die im rechten Winkel zur Scheibe auftreten, können diese verbiegen und weisen uns damit noch später auf längst vergangene Begegnungen hin. Diese „Erinnerungen" können sogar dann noch sichtbar bleiben, wenn es zwischenzeitlich weitere Wechselwirkungen gegeben hat. Das sieht man am Beispiel von NGC 6670 (Seite 79).

NGC 454

Das Galaxienpaar NGC 454 besteht aus einer großen roten elliptischen sowie einer irregulären gasreichen, blauen Galaxie. Das System befindet sich noch in einer frühen Phase der gegenseitigen Beeinflussung, die aber beide Komponenten schon stark verzerrt hat. Die drei hellen blauen Knoten aus sehr jungen Sternen rechts von den beiden Hauptkomponenten sind Teil der irregulären blauen Galaxie. Die Störung der elliptischen Galaxie resultiert in einem breiten Fächer aus Sternen. Das Paar ist etwa 164 Millionen Lichtjahre entfernt.

NGC 6670

NGC 6670 ist ein prachtvolles Paar sich überlappender Galaxien, die wir beide von der Seite sehen. Die Wissenschaftler glauben, dass NGC 6670 bereits früher mindestens eine andere nahe Begegnung erlebt hat und sich jetzt im frühen Stadium einer weiteren befindet. Die Galaxienkerne sind noch etwa 50.000 Lichtjahre voneinander entfernt. NGC 6670 glüht im Infraroten hundert Milliarden Mal heller als die Sonne und steht vermutlich am Anfang einer heftigen Sternentstehungsphase. Die Entfernung zu diesen beiden Galaxien beträgt etwa 400 Millionen Lichtjahre.

„Wie ein Kieselstein, der in einen Teich geworfen wird, nach außen laufende Wellenringe bildet, entsteht am Punkt des Aufpralls eine sich ausbreitende Dichtewelle, die von dort nach außen wandert.“

Galaxieneinschlag

Wenn eine kompakte Galaxie fast senkrecht in die Scheibe einer Spiralgalaxie einschlägt, führt die momentan erhöhte Schwerkraftanziehung in Richtung des Aufprallpunkts zu einer Art „Aufspritzen“ von Gas und Sternen. Denn wie ein Kieselstein, der in einen Teich geworfen wird, nach außen laufende Wellenringe bildet, entsteht am Punkt des Aufpralls eine sich ausbreitende Dichtewelle, die von dort nach außen wandert. Sobald diese Welle mit Material der getroffenen Galaxie kollidiert, das durch die Wirkung der Schwerkraft nach innen geströmt war, verdichten Stoßwellen das Gas, was die Entstehung von Sternen befördert. Die Stoßwelle führt oft zu einem hellen Ring aus neuen Sternen, der sich nach außen ausbreitet. Währenddessen altern diese Sterne, aber es entstehen auch neue. Die Wagenradgalaxie auf Seite 82 war eine der ersten dieser Ringgalaxien, die genauer untersucht wurden. Findige Astronomen fanden heraus, dass ein solcher Galaxieneinschlag für die seltsame Form von Ringgalaxien verantwortlich ist. Arp 148 (Seite 81), Arp 147 (Seite 135), AM 0644-741 (Seite 102) und Hoags Objekt (Seite 103) sind weitere Beispiele für die Wirkung dieses seltsamen Phänomens.

Chaotische Verschmelzungen

Sobald Galaxien verschmelzen, wird dieser Prozess wegen der Komplexität in der inneren Struktur der Galaxien und den Details der Annäherung zu einem strukturellen Durcheinander. Frühere Beispiele in diesem Buch sind NGC 3808 (Doppelseite vor Impressum), die infraroten Vettern NGC 6240 (Seite 63) sowie Arp 220 (Seite 62).

In der Bildergalerie finden sich weitere Beispiele für „chaotische“ Verschmelzungen, bei denen selbst der beste Astrodetektiv nur schwer herausfinden wird, was genau geschehen ist: IC 883 (Seite 106), NGC 6090 (Seite 107), NGC 3256 (Seite 52), MCG+08-11-002 (Seite 109), NGC 5256 (Seite 110), UGC 5101 (Seite 111) und Markarian 273 (Seite 112).

Arp 148

Arp 148 zeigt die verblüffende Nachwirkung einer Begegnung zweier Galaxien, die in einem Ring resultierte. Die Kollision zwischen den beiden Ursprungsgalaxien erzeugte eine Stoßwelle, die zunächst Materie zum Zentrum hin zog, von wo sie sich dann in einem Ring nach außen ausbreitete. Arp 148 trägt auch den Namen „Mayalls Objekt", steht im Großen Bären und ist etwa 500 Millionen Lichtjahre entfernt.

Die Wagenradgalaxie

500 Millionen Lichtjahre entfernt im Sternbild Bildhauer steht die wegen ihres Aussehens sogenannte Wagenradgalaxie (englisch „Cartwheel Galaxy"). Ihr Kern ist das helle Objekt im Zentrum dieser Aufnahme; die speichenförmigen Strukturen sind Materiestreifen, die den Kern mit dem äußeren Ring aus jungen Sternen verbinden. Das ungewöhnliche Aussehen dieser Galaxie entstand vor 200 Millionen Jahre bei einem fast frontalen Zusammenstoß mit einer kleineren Galaxie. In dieser Abbildung wurden Aufnahmen des Spitzer-Weltraumteleskops (in Rot), von Hubble (in Grün), GALEX (in Blau) und des Chandra-Röntgenteleskops (in Purpur) miteinander kombiniert.

Galaxiengruppen

Wechselwirkungen zwischen Galaxien finden fast ausschließlich durch die Schwerkraft statt. Sie ist die schwächste der vier grundlegenden Kräfte der Natur, aber die einzige, die über extrem weite Entfernungen wirken kann. Die Gravitation hält uns am Erdboden fest und die Planeten auf ihren Bahnen um die Sonne. Sie zeichnet auch für unsere Beziehung zu unseren Nachbargalaxien verantwortlich. Unsere Milchstraße bildet zusammen mit der Andromedagalaxie, der Dreiecksgalaxie und etwa 50 weiteren kleineren Galaxien die sogenannte Lokale Gruppe.

Galaxiengruppen mit nur einer Handvoll Mitglieder sind im Universum nichts Ungewöhnliches. Es mag kaum überraschen, dass sie häufig Anzeichen von Störungen zeigen.

Seyferts Sextett – eine Galaxiengruppe

Seyferts Sextett ist in einem langsamen Todestanz gefangen, der noch Milliarden Jahre andauern wird. Die Galaxien sind so dicht beieinander, dass die Anziehungskräfte Sterne aus ihnen herausreißen und ihre Formen verändern. Dieselben Kräfte werden die Galaxien letztendlich zu einer einzigen zusammenfügen. Der Name dieser Gruppe, Seyferts Sextett, weist auf sechs beteiligte Galaxien hin, aber nur vier beteiligen sich wirklich an dem Tanz. Die kleine Spiralgalaxie, auf deren Scheibe wir blicken und die deutliche Spiralarme zeigt, steht fast fünfmal weiter entfernt im Hintergrund und gehört aufgrund dieses Zufalls nur scheinbar zur Gruppe. Das sechste Gruppenmitglied (unten rechts) ist überhaupt keine Galaxie, sondern nur ein ausgedehnter Gezeitenschweif aus Sternen.

Die kompakte Gruppe Hickson 90

Die Galaxien der kompakten Gruppe Hickson 90 sind in einer Art kosmischen Tauziehen gefangen und verspüren starke Gezeitenkräfte. Deswegen wurden bereits eine große Anzahl von Sternen aus ihren Heimatgalaxien herausgerissen. Sie bilden jetzt eine diffuse, aber leuchtkräftige Komponente innerhalb der Galaxiengruppe.

„Wenn zwei Galaxien sich sehr nahe kommen, sind die Anziehungskräfte auf die Sterne, die der sich nähernden Galaxie am nächsten sind, ungleich größer als die Kräfte auf die Sterne der anderen Seite."

Verletzungen durch die Gezeiten

Wenn sich zwei Galaxien sehr nahe kommen, sind die Anziehungskräfte auf die Sterne, die der sich nähernden Galaxie am nächsten sind, ungleich größer als die Kräfte auf die Sterne der anderen Seite. Dieser Unterschied – Gezeiteneffekt genannt – bewirkt, dass die Sterne in unterschiedliche Richtungen gezogen werden. Auf der Erde führt ein ähnlicher Effekt zweimal täglich zu Hebungen und Senkungen nicht nur der Meeresspiegel, sondern auch der Erdkruste. Ebbe und Flut resultieren aus der unterschiedlichen Stärke der Schwerkraftwirkung des Monds auf der ihm zu- bzw. abgewandten Seite der Erde. Die Sonne übt eine ähnliche, aber schwächere Wirkung aus.

Die Gezeiten zwischen Galaxien sind aber sehr viel zerstörerischer als die in den Meeren, da die Sterne wesentlich schwächer an ihre Galaxie gebunden sind als die Bestandteile der Erde, bei der viel stärkere chemische Kräfte wirken. Die Gezeitenkräfte zwischen Galaxien können deren Form verändern und sie sogar zerreißen. Es bleiben „Verletzungen" zurück, etwa Materiebrücken, Antennen, Bögen, Schweife und andere Phänomene. Sterne und Gas werden in den Raum geschleudert.

Je länger die Wechselwirkung andauert, desto umfassender und dramatischer werden die Zerstörungen. Daher hat eine kosmische Begegnung schwerwiegendere Folgen, wenn die Relativgeschwindigkeit der beiden Galaxien niedrig ist; das ist das genaue Gegenteil von den Folgen eines Stoßes auf der Erde.

Da die Schwerkraft direkt proportional zur Masse ist, könnte man meinen, nur die Masse würde bei engen Begegnungen von Sternsystemen über die Rollenverteilung entscheiden. Das stimmt aber nicht immer. Bei Galaxienkollisionen ist auch die Kompaktheit der wechselwirkenden Partner wichtig. Von zwei Galaxien mit etwa derselben Masse – aber sehr unterschiedliche Größe – wird vermutlich die größere, in der also die Materie weniger dicht gepackt ist, die schlimmsten Folgen erleiden.

Arp 240

Arp 240 ist ein erstaunliches Paar aus zwei in Masse und Größe sehr ähnlichen Galaxien, NGC 5257 und NGC 5258. Die gegenseitige Beeinflussung ist anhand der Gezeitenbrücke aus schwachen Sternen, die sie verbindet, deutlich zu erkennen. Fast wirken sie wie zwei Tänzer, die sich an den Händen halten, während sie eine Pirouette aufführen. Beide Galaxien beherbergen supermassive Schwarze Löcher in ihren Zentren und bringen aktiv in ihren Scheiben neue Sterne hervor. Das System steht im Sternbild Jungfrau, etwa 300 Millionen Lichtjahre von uns entfernt.

Das Mäusepaar

Hier sieht man ein spektakuläres Galaxienpaar, das einen kosmischen Katz-und-Maus-Tanz (oder sollte man hier eher von einem Maus-und-Maus-Tanz sprechen?) aufzuführen scheint. Es befindet sich in einer Entfernung von 300 Millionen Lichtjahren in Richtung des Sternbilds Coma Berenices (Haar der Berenike). Wegen der langen Gezeitenschwänze aus Gas und Sternen, die von den Galaxien ausgehen, wird das Objekt salopp „die Mäuse" oder auch „das Mäusepaar" genannt. Der seriöse Name ist NGC 4676. Irgendwann werden die Mäuse zu einer einzigen Riesengalaxie verschmolzen sein.

Zwerge werden zerstört

Edwin Hubble hat in seinem Buch *The Realm of the Nebulae* („Das Reich der Nebel") als Erster den Begriff „Lokale Gruppe" verwendet. Er kennzeichnete damit diejenigen Galaxien, die einzeln, aber in der Nähe der Milchstraße stehen. Mit der verbesserten Empfindlichkeit der modernen Teleskope und Detektoren wuchs die Lokale Gruppe an, weil immer mehr kleinere Mitglieder gefunden wurden. Die Suche wurde hauptsächlich mit hochempfindlichen Durchmusterungen der Halos von Milchstraße und Andromedanebel durchgeführt; durch die systematische Beobachtung der leicht erhöhten Dichte an Sternen wurde es möglich, Dutzende von sehr schwachen Zwerggalaxien zu finden, die sich bislang der Entdeckung entzogen hatten.

Einige dieser Zwerggalaxien sind eindeutig von der Wechselwirkung mit anderen Galaxien der Lokalen Gruppe gezeichnet. Als schwache Eindringlinge werden sie von den entfesselten Gezeitenkräften der herannahenden großen Galaxien zerrissen. Zurück bleiben nur Schleppen aus Schutt. In unserer eigenen Galaxie fanden sich Dutzende von solchen Sternströmen. Die ehemaligen Zwerggalaxien wurden zu langen, ausgefransten, spaghettiförmigen Sternbändern gedehnt, die sich nun um die Milchstraße winden. Bei jeder Begegnung mit der Milchstraße werden der eindringenden Galaxie mehr Sterne entrissen und dem Halo unserer Galaxie einverleibt. Solche Ereignisse kommen in der Entwicklung der meisten großen Galaxien wohl häufig vor.

NGC 5907 mit den Überresten einer Zwerggalaxie

In dieser erdgebundenen Aufnahme eines Amateurastronomen erkannten Astronomen zum ersten Mal sichtbare Belege für anhaltenden Kannibalismus unter Galaxien. Die Strukturen aus Überresten einer kleinen Satellitengalaxie erstrecken sich um die Galaxie NGC 5907, die etwa 40 Millionen Lichtjahre entfernt ist. Die Zwerggalaxie hat den größten Teil ihrer Masse verloren, die in Form von Sternen, Sternhaufen, und Dunkler Materie vorlag. All dies ist jetzt entlang ihrer Bahn verstreut und bildet dadurch eine komplizierte Ansammlung von sich kreuzenden Bändern aus galaktischen Fossilien, deren Radius mehr als 150.000 Lichtjahre beträgt.

5 Das Ende

UGC 8335

UGC 8335 ist ein stark wechselwirkendes Paar von Spiralgalaxien, das an zwei Eisläufer erinnert. Die Wechselwirkung hat zwischen den beiden Galaxien eine Materiebrücke geschaffen und zwei stark gekrümmte Schweife aus Gas und Sternen aus den äußeren Bereichen ihrer „Körper" gerissen. Beide Galaxien weisen Staubbahnen in ihren Zentralgebieten auf. UGC 8335 ist im Sternbild Großer Bär beheimatet und etwa 400 Millionen Lichtjahre von der Erde entfernt.

Für unsere ganz ferne Zukunft wird ein nebelhafter Lichtfleck im Sternbild Andromeda eine bedeutende Rolle spielen. Das Schicksal der ganzen Milchstraße und vielleicht der Erde selbst ist mit der Andromedagalaxie verbunden. Neueste astronomische Erkenntnisse weisen eindeutig darauf hin, dass sich die beiden großen Spiralgalaxien in unserer Lokalen Gruppe auf Kollisionskurs befinden. Ihre Verschmelzung wird voraussichtlich in fünf Milliarden Jahren vollzogen werden.

Einst dachte man, Galaxien wären „Insel-Universen", die sich in völliger Isolation langsam entwickeln. Heute weiß man, dass das ganz und gar nicht der Fall ist. Galaxien stehen auf verschiedene Weisen mit Begleit- oder Nachbargalaxien in Beziehung. Kollisionen und Galaxienverschmelzungen gelten als die Hauptmechanismen der Entwicklung von Galaxien. Es gibt wohl sehr wenige Galaxien im Universum, die nicht durch Wechselwirkungen, Verschmelzungen und Anreicherungen beeinflusst wurden. Die Stellung einer Galaxie in der Hubble-Sequenz hängt stark davon ab, welche Kollisionen sie in der Vergangenheit durchlebte und wie schwerwiegend diese waren. Spiralgalaxien stehen am Ende der Sequenz; sie bildeten sich wohl aus vergleichsweise ursprünglichen Gaswolken. Am anderen Ende stehen die Riesenellipsen, entstanden aus der Verschmelzung von Spiralgalaxien und kleineren Galaxien. Dazwischen erzeugt die Vereinigung von Galaxien unterschiedlicher Masse eine Vielzahl von Objekten, die mit fortschreitender Verschmelzung die verschiedensten Formen annehmen.

Milkomeda, das Ende der Milchstraße

Die Andromedagalaxie gehört zu den beeindruckendsten astronomischen Objekten am Nordhimmel. Sie ist das am weitesten entfernte Objekt, dass der Mensch mit bloßem Auge noch sehen kann. Obwohl sie vermutlich schon in der Antike bekannt war, wurde sie erstmals erst im 10. Jahrhundert von dem persischen Astronomen Abd al-Sufi als nebelhafter Fleck verzeichnet. Heute wissen wir, dass dieser schwache Lichtfleck in Wirklichkeit eine große Spiralgalaxie ist, eine 2,5 Millionen Lichtjahre entfernte Insel aus Hunderten von Milliarden Sternen. Das Licht, das wir heute sehen, wurde zu einer Zeit ausgesandt, als die Menschheit gerade zu entstehen begann.

Man erwartet, dass unsere Milchstraße in ferner Zukunft mit der Andromedagalaxie, unserer nächsten großen Nachbarin, kollidieren wird. Dieses Schauspiel wird in unserer Ecke des Universums nicht seinesgleichen haben. Einige Astronomen haben dem Endprodukt dieser Verschmelzung den Namen „Milkomeda" gegeben (ein Kunstwort aus der englischen Bezeichnung *Milky Way* für Milchstraße und Andromeda) .

Die beiden Galaxien nähern sich mit beinahe 500.000 Kilometern pro Stunde. In etwa fünf Milliarden Jahren werden sie frontal zusammenstoßen. Diese direkte Kollision wird einen gigantischen Verschmelzungsprozess in Gang setzen, in dessen Verlauf unsere Milchstraße ihre bekannte Spiralstruktur verlieren wird. Stattdessen wird sie sich über eine Milliarde Jahre hinweg zusammen mit Andromeda in eine riesige elliptische Galaxie verwandeln.

Während sich die beiden Galaxien einander nähern, werden starke Gezeitenkräfte die stattlichen Spiralen verformen. Dabei werden Sterne in alle möglichen Richtungen aus ihren galaktischen Bahnen geworfen werden. Trotz der riesigen Zahl von Sternen in beiden Galaxien – hunderte von Milliarden – werden keine einzelnen Sterne direkt miteinander kollidieren, da ihre Größe im Vergleich zu ihrem typische Abstand voneinander sehr gering ist. Allerdings werden interstellare Gaswolken aufeinander prallen und dadurch kollabieren. In der Folge werden in beiden Galaxien heftige Phasen der Sternentstehung ausgelöst werden.

Neuere Simulationen von Thomas Cox und Abraham Loeb (Harvard-Smithsonian Center for Astrophysics) geben einen guten Eindruck vom Schicksal der Sonne und des Sonnensystems während dieser Vorgänge.

Computermodellen zufolge werden die beiden Galaxien sich schon in zwei Milliarden Jahre zum ersten Mal nahe kommen. Es wird dann noch voraussichtlich weitere zwei bis drei Milliarden Jahre bis zur endgültigen Vereinigung dauern. Es werden also noch etwa fünf Milliarden Jahre vergehen, bis die Kollision überstanden ist – das ist etwa so lange wie die restliche Lebensdauer der Sonne. Daher könnten künftige Astronomen die Chance haben, das Schauspiel wenigstens teilweise zu verfolgen. Es ist aber leider zu erwarten, dass die Sonne in ihrer Entwicklung zu einem roten Riesenstern schon so weit angeschwollen ist, dass die Ozeane verdampft sind und alles Leben auf der Erde verbrannt wurde, bis die Verschmelzung mit Andromeda vorüber ist. Falls das doch nicht geschehen sollte, werden etwaige Nachkommen der Menschheit einen ganz anderen Blick ins Weltall haben als wir. Anstelle des Bands der Milchstraße am Nachthimmel wird dann ein riesiges ellipsenförmiges Glimmen von Milliarden Sternen zu sehen sein.

Die beiden Galaxien werden während der Kollision einige Male umeinander kreisen, wobei sie ihre Sternpopulationen durch die Wirkungen der Schwerkraft miteinander vermischen. Es besteht die Chance – oder, wenn man so will, das Risiko –, dass die Sonne während der ersten Begegnung mit Andromeda in einem langen Gezeitenschweif aus der Scheibe der Milchstraße geschleudert wird. Es ist sogar durchaus denkbar, dass die Sonne zeitweise eher zu Andromeda gehört. Demnach könnten Astronomen der Zukunft die Milchstraße sogar als eine fremde Galaxie am Nachthimmel wahrnehmen. Weitere Effekte des Verschmelzungsvorgangs sind voraussichtlich verstärkte Kometenschauer, da dann viele Sterne in der näheren Umgebung des Sonnensystems vorbeifliegen und dadurch die von Kometen erfüllte Oort'sche Wolke stören. Auch wird am Himmel ein Feuerwerk aus neu entstandenen Sternen zu sehen sein, um die sich vielleicht neue Planeten bilden; dort könnten dann neue Zivilisationen auftreten, die Teleskope bauen und nach ihrer Herkunft zu forschen beginnen.

Die Andromedagalaxie

Weil die Andromedagalaxie am Nachthimmel so riesengroß ist, kann das Hubble-Teleskop immer nur kleine Teile von ihr aufnehmen. Diese schöne Aufnahme machte der Hobby-Astrofotograf Robert Gendler von der Erde aus. Die meisten einzeln erkennbaren Sterne sind Vordergrundsterne in unserer Milchstraße. Auch zwei Begleitgalaxien von Andromeda sind sichtbar (Messier 32 und Messier 110).

Milkomeda

So wie auf dieser Computerzeichnung könnte die spektakuläre Begegnung zwischen der Andromedagalaxie und der Milchstraße aussehen. Sie wird während der nächsten fünf Milliarden Jahre stattfinden. Manche Astronomen nennen das Endprodukt dieser Galaxienverschmelzung „Milkomeda“, ein Kunstwort aus der englischen Bezeichnung *Milky Way* für Milchstraße und Andromeda.

6 Bildergalerie

NGC 4921

Der Comagalaxienhaufen ist eine der nächsten, sehr reichhaltigen Ansammlungen von Galaxien unserer kosmischen Nachbarschaft. Galaxien in solchen Haufen erleben viele Wechselwirkungen und Verschmelzungen, während derer aus gasreichen Spiralgalaxien allmählich elliptische Galaxien entstehen, die kaum noch aktive Sternentstehung aufweisen. NGC 4921 ist eine der seltenen Spiralgalaxien im Coma-Haufen und dazu noch ziemlich ungewöhnlich. Sie zeigt nur einen schwachen Staubwirbel in Form eines Ringes um die Galaxie. Ein Großteil der blassen Spiralstruktur im äußeren Galaxienbereich ist ungewöhnlich gleichmäßig. Das verleiht der Galaxie das geisterhafte Erscheinungsbild einer riesigen, durchscheinenden Qualle. Der Hintergrund zeigt ungewöhnlich viele weiter entfernte Galaxien, die sich bis in die ferne Vergangenheit des frühen Universums erstrecken.

Wechselwirkende Galaxien finden wir überall im Universum. Manchmal sehen wir sie bei dramatischen Kollisionen, durch die schlagartig viele neue Sterne entstehen. Dann wieder treten sie eher als schleichende Verschmelzungen auf, an deren Ende eine neue Galaxie steht. Jedes der auf den folgenden Seiten gezeigten Fotos von verschiedenartig verschmelzenden Galaxien zeigt eine Momentaufnahme eines lange andauernden Prozesses. Viele der Hubble-Aufnahmen in dieser Bildergalerie entstanden im Verlauf einer groß angelegten Gesamt-Durchmusterung des Himmels nach hellen und ultrahellen Infrarotgalaxien, die den Namen *Great Observatories All-sky LIRG Survey* (GOALS) trägt.

Arp 194

In dieser einzigartig wechselwirkenden Gruppe sind die beiden klar getrennten Komponenten durch eine kosmische Stern-, Gas- und Staubfontäne von 100.000 Lichtjahren Ausdehnung verbunden. Die kompakten hellen Sternentstehungsgebiete sind junge Supersternhaufen, die sich in Folge der Wechselwirkung bildeten. Die Schwerkraftwirkung, die im Laufe einer Galaxienbegegnung auftritt, kann die Sternentstehungsrate erhöhen und führt damit in den verschmelzenden Systemen zu einem Anstieg der Sterngeburten.

Arp 274

Arp 274 ist ein Paar eng verbundener Galaxien, die an sich schüttelnde Hände bzw. an sich schüttelnde Spiralarme erinnern. Unter dem unerbittlichen Zug der Schwerkraft schlängeln sich zwischen den Galaxien elegante, verdrehte Bahnen aus Staub und Sternen, außerdem entstehen hell leuchtende Haufen neu geborener Sterne und rosarote Sternkinderstuben. Am unteren Bildrand erkennt man zwei Vordergrundsterne, die zu unserer Milchstraße gehören.

Ringgalaxie AM 0644-741

Ein Ring hell leuchtender, blauer Sternhaufen windet sich, an einen diamantbesetzten Armreif erinnernd, um den gelblichen Kern einer ehemals normalen Spiralgalaxie. Der glitzernde blaue Ring misst 150.000 Lichtjahre im Durchmesser und ist somit größer als die gesamte Milchstraße. Das System liegt in 300 Millionen Lichtjahren Entfernung in Richtung des Sternbilds Fliegender Fisch am Südhimmel.

Hoags Objekt

Diese ungewöhnliche Galaxie ist als „Hoags Objekt" bekannt. Ein nahezu perfekter Ring aus heißen, blauen Sternen umfasst den gelben Galaxienkern. Die ganze Galaxie misst etwa 120.000 Lichtjahre und ist somit etwas größer als unsere Milchstraße. Der blaue Ring, der durch die vielen Haufen aus jungen, massereichen Sternen erzeugt wird, steht in deutlichem Kontrast zum gelben Galaxienkern, in dem sich vor allem ältere Sterne finden. Er besteht aller Wahrscheinlichkeit nach aus den zerfetzten Überresten einer der beiden ursprünglichen Galaxien, die hier kollidierten. Kurioserweise findet sich innerhalb des Rings, etwa bei der Ein-Uhr-Position, ein rötliches Objekt, das Hoags Objekt verblüffend ähnlich sieht. Es handelt sich dabei wohl um eine weitere, im Hintergrund stehende Ringgalaxie.

ESO 69-6

Die Galaxien dieses wunderschönen Paars erinnern in ihrer Form an Musiknoten. Lange Materieschweife führen aus ihrem Inneren heraus. Sie bestehen aus Gas und Sternen, die aus den äußeren Bereichen heraus- und weggezogen wurden. Das ist ein untrügliches Zeichen dafür, dass es zwischen den Galaxien eine Wechselwirkung gegeben hat. ESO 69-6 befindet sich im Sternbild Südliches Dreieck und ist fast 650 Millionen Lichtjahre von der Erde entfernt.

ESO 99-4

Die höchst seltsam geformte Galaxie ESO 99-4 ist möglicherweise der Überrest eines zurückliegenden Verschmelzungsprozesses, der sie bis zur Unkenntlichkeit deformiert hat. Der größte Teil ist hinter ausgedehnten Staubgebieten verborgen. ESO 99-4 liegt in einem Gebiet innerhalb des Sternbildes Südliches Dreieck, das besonders viele Vordergrundsterne enthält. Die Galaxie ist etwa 400 Millionen Lichtjahre entfernt.

IC 883

IC 883 weist eine sehr gestörte, komplexe Zentralregion auf, aus der fast senkrecht zueinander zwei Gezeitenschweife herausragen: Einer zeigt diagonal zur rechten oberen Bildecke, der andere zur rechten unteren. Der doppelte Gezeitenschweif ist Zeichen einer Verschmelzung von zwei gasreichen Galaxien. Die Kollision hat anscheinend einen Sternentstehungsausbruch ausgelöst, was durch die große Zahl von hellen Sternhaufen im Zentralbereich nahegelegt wird. IC 883 ist 300 Millionen Lichtjahre entfernt und steht im Sternbild Jagdhunde.

NGC 6090

NGC 6090 ist ein sehr schönes Spiralgalaxienpaar, bei dem sich die Zentralbereiche überlappen. Das System zeigt außerdem die langen Gezeitenschweife, die aus Material der Galaxien bestehen, das durch die Schwerkraft herausgerissen wurde. Die beiden Galaxienkerne sind noch zu unterscheiden und etwa 10.000 Lichtjahre voneinander entfernt. Das weist darauf hin, dass sich die beiden Galaxien in der mittleren Phase ihrer Verschmelzung befinden. In dem Bereich, in dem sich die beiden Partner überlappen, zeigt die Hubble-Aufnahme helle Knoten aus neu entstandenen Sternen. Die obere Galaxie zeigt eine klare Spiralstrukur der Scheibe, auf die wir senkrecht blicken. Dagegen sehen wir die andere, direkt darunter liegende Galaxie von der Seite, weswegen wir keine Spiralarme erkennen können. NGC 6090 liegt im Sternbild Drache, 400 Millionen Lichtjahre von der Erde entfernt, und ähnelt in vielem den Antennengalaxien (siehe Titelseite).

NGC 17

Die Galaxie NGC 17 besitzt nur einen Kern. Sie weist ein blaue, zentrale Scheibe sowie feine Strukturen in ihren äußeren Bereichen auf. Die Gezeitenschweife sind Hinweise auf zwei ehemalige Scheibengalaxien, die ihre Vereinigung bereits vollzogen haben. Das neue System hat alle Anzeichen, dass einmal viel Gas vorhanden war und dass ein Sternentstehungsausbruch stattfand. NGC 17 ist immer noch reich an Gas; die intensive Sternentstehung im Zentrum kann sich daher noch einige Zeit fortsetzen. Schwächere Aktivität wird sogar noch über längere Zeiten erkennbar sein. NGC 17 steht 250 Millionen Lichtjahre entfernt im Sternbild Wal.

MCG+08-11-002

MCG+08-11-002 sieht seltsam aus: Vor dem Galaxienzentrum steht ein auffallendes dunkles Staubband, das Strahlung absorbiert und daher den Eindruck eines „blauen Auges“ hervorruft. Diese pekuliäre Galaxie sehen wir durch ein an Vordergrundsternen reiches Gebiet in der Nähe der Milchstraßenscheibe. MCG+08-11-002 ist etwa 250 Millionen Lichtjahre weit entfernt und steht im Sternbild Fuhrmann.

NGC 5256

NGC 5256, auch bekannt unter dem Namen Markarian 266, ist ein beeindruckendes Beispiel für zwei verschmelzende Scheibengalaxien. Deutlich erkennbare Gasströme umgeben die beiden Galaxienkerne. Erst vor kurzem entstanden neue Sterne in Gebieten, die jetzt als bläuliche, spiralförmige Strukturen ins Auge stechen. Die Form dieses Objekts ist stark verzerrt, und Beobachtungen in verschiedenen Wellenlängenbereichen – im Infraroten, im Millimeter- und im Radiobereich – ergaben weitere Hinweise auf Phasen der Sternentstehung. Das System steht im Sternbild Großer Bär in einer Entfernung von etwa 350 Millionen Lichtjahren. Jede der beiden Galaxien besitzt einen aktiven Kern; trotz allem Chaos kann also offenbar Gas in die Gebiete um die zentralen Schwarzen Löcher gelangen und Sternentstehungsausbrüche ermöglichen. Vor kurzem haben Beobachtungen mit dem Chandra-Röntgensatelliten gezeigt, dass beide Kerne sowie das Gas zwischen ihnen durch Stoßwellen aufgeheizt wurden, die entstanden, als Gaswolken mit hoher Geschwindigkeit aufeinander prallten.

UGC 5101

Die pekuliäre Galaxie UGC 5101 hat einen einzigen Kern, der von einem strukturlosen Hauptteil der Galaxie umgeben ist. Dies weist auf einen erst kürzlich abgeschlossenen Verschmelzungsprozess hin. Man glaubt, dass UGC 5101 einen aktiven Galaxienkern besitzt. Ein ausgeprägter Gezeitenschweif erstreckt sich diagonal nach oben links im Bild. Wegen des großen Lichtsammelvermögens des Hubble-Teleskops ist auch ein schwacher Halo aus Sternen gut sichtbar, der die Galaxie umgibt. Dieser Halo kann das Ergebnis einer früheren Kollision sein. UGC 5101 ist etwa 550 Millionen Lichtjahre entfernt.

Markarian 273

Die bizarre Galaxie Markarian 273 erinnert an eine Zahnbürste. Die Hubble-Aufnahme zeigt eine verwickelte Zentralstruktur und einen auffälligen Gezeitenschweif, der sich im Bild nach rechts unten erstreckt. Er ist etwa 130.000 Lichtjahre lang und ein deutlicher Hinweis auf die Verschmelzung zweier Galaxien. In Markarian 273 entstehen pro Jahr neue Sterne mit einer Gesamtmasse von 60 Sonnenmassen. Wie Infrarotbeobachtungen zeigen, besteht der Kern aus zwei Komponenten. In diesem Spektralbereich ist Markarian 273 eine der hellsten Galaxien überhaupt. Sie ist 500 Millionen Lichtjahre von uns entfernt.

ESO 593-8

In diesem beeindruckenden Paar wechselwirkender Galaxien, ESO 593-8, kreuzt eine federartig aussehende Galaxie eine andere. Aller Wahrscheinlichkeit nach werden die beiden Komponenten sich in der Zukunft zu einer einzigen Galaxie vereinigen. Das Paar wird durch eine Reihe heller blauer Sternhaufen verziert. ESO 593-8 liegt im Sternbild Schütze und ist etwa 650 Millionen Lichtjahre weit entfernt.

NGC 1614

Das Galaxiensystem NGC 1614 besitzt ein im optischen Bereich helles Zentrum mit zwei ziemlich symmetrischen inneren Spiralarmen. Die auffallende äußere Struktur besteht im Wesentlichen aus einem großen, einseitigen und gebogenen Auswuchs eines dieser Arme nach rechts unten. Daneben ragt ein langer, nahezu gerader Gezeitenschweif aus dem Kern heraus. Er kreuzt den gebogenen Arm und weist nach rechts oben.

Markarian 231

Das außergewöhnliche Galaxienpaar Markarian 231 wurde 1969 im Rahmen einer Himmelsdurchmusterung entdeckt, deren Ziel die Suche nach Galaxien mit starker Ultraviolettstrahlung war. Es weist lange Gezeitenschweife und eine gestörte Form auf. Bereits das erste Spektrum wies eindeutig auf einen energiereichen Quasar im Zentrum hin. Dadurch wurde die Nummer 231 zu einem einmaligen Objekt im Markarian-Katalog. Seit diesen ersten Beobachtungen hat Markarian 231 seinen Ruf als Ausnahmeobjekt beibehalten und ist noch immer bevorzugtes Objekt von Beobachtungen in allen Wellenlängenbereichen. Seine Helligkeit im Infraroten ist vergleichbar mit der von Quasaren, wodurch es zu den hellsten und energetischsten Vertretern der ultrahellen Infrarotgalaxien zählt. Obwohl die Strahlung vieler Galaxien dieser Klasse durch energiereiche Sternentstehungsausbrüche bestimmt ist, erweist sich Markarian 231 doch immer wieder als Ausnahme. Viele Indizien sprechen für ein akkretierendes Schwarzes Loch als Hauptquelle für die enorme Infrarotstrahlung.

ESO 239-IG002

ESO 239-IG002 ist das Ergebnis einer kosmischen Kollision oder eines lange andauernden Verschmelzungsprozesses, der höchstwahrscheinlich in der Bildung einer elliptischen Galaxie endet. Der hier abgebildete Zwischenzustand zeigt eine Galaxie mit langen Gezeitenschweifen, die sich um den Kern winden.

Zwicky II 96

Das System Zwicky II 96 zeigt verschmelzende Galaxien mit einem bizarren Aussehen. Energiereiche junge Sternentstehungsgebiete erscheinen als lange, perlenartige Strukturen zwischen den Galaxienkernen. Das System erfüllt fast die Kriterien für eine ultrahelle Galaxie, hat aber noch nicht den Zustand der endgültigen Verschmelzung erreicht, der für die meisten solcher Galaxien die Regel ist. Zwicky II 96 steht im Sternbild Delphin in einer Entfernung von etwa 500 Millionen Lichtjahren.

MCG+12-02-001

MCG+12-02-001 besteht aus einem von der gravitativen Wechselwirkung deutlich beeinflussten Galaxienpaar, aus dem Material in entgegengesetzte Richtungen herausgeschleudert wird. Man erkennt eine große Galaxie im oberen Bereich der Aufnahme sowie eine kleinere im unteren, die an einen ausbrechender Vulkan erinnert. Der helle Kern dieser Galaxie ragt aus dem Gipfel des „Vulkans" heraus. MCG+12-02-001 ist eine leuchtstarke Infrarotgalaxie, die heller ist als 100 Milliarden Sonnen. Sie liegt etwa 200 Millionen Lichtjahre von der Erde entfernt in Richtung des Sternbilds Cassiopeia.

Markarian 533

NGC 7674, hier knapp über dem Bildmittelpunkt zu sehen, ist auch unter dem Namen Markarian 533 bekannt. Sie ist das hellste und größte Mitglied der kompakten Galaxiengruppe namens Hickson 96, die aus insgesamt vier Galaxien besteht. Diese beeindruckende Hubble-Aufnahme zeigt die Spiralgalaxie nahezu senkrecht von oben. Die balkenartige Struktur im Zentrum besteht aus Sternen. Das Aussehen von NGC 7674 einschließlich der langen schmalen Streifen links und unterhalb der Galaxie lässt sich durch die Gezeitenwechselwirkung mit den Begleitern erklären. NGC 7674 besitzt einen kräftigen zentralen Kern, der möglicherweise mit Gas gespeist wird, das durch die Wirkung der Begleiter ins Zentrum gezogen wird. Die Galaxie steht im Sternbild Pegasus, etwa 400 Millionen Lichtjahre entfernt.

UGC 4881

Das faszinierende System UGC 4881, auch „Der Grashüpfer" genannt, besteht aus zwei kollidierenden Galaxien. Es besitzt einen hellen, gebogenen Schweif, der eine beachtliche Zahl von Sternhaufen aufweist. Man glaubt, dass die Galaxien die Verschmelzung zur Hälfte vollzogen haben – die Kerne der Muttergalaxien sind noch klar getrennt, aber die Scheiben überdecken sich. 1999 explodierte eine Supernova in diesem System. Die Astronomen glauben, dass eine kräftige Sternentstehungsphase gerade erst begonnen hat. Dieses bemerkenswerte Objekt steht in einer Entfernung von 500 Millionen Lichtjahren im Sternbild Luchs.

VV 283

VV 283 sieht zwar aus wie eine einzelne pekuliäre Galaxie, ist aber in Wirklichkeit ein verschmelzendes Galaxienpaar. Ein Gezeitenschweif wirbelt aus dem unstrukturierten Zentralbereich und spaltet sich dann in zwei Äste auf. Der sich aufwärts biegende Ast wird von hellen blauen Knoten aus Sternen erhellt. Wie viele andere solcher Systeme ist VV 283 eine sehr leuchtkräftige Infrarotgalaxie mit einer Helligkeit, die fast 1000 Milliarden mal der der Sonne entspricht. Sie steht im Sternbild Jungfrau in einer Entfernung von etwa 500 Millionen Lichtjahren.

AM1316-241

AM1316-241 besteht aus zwei wechselwirkenden Galaxien – einer Spiralgalaxie (links im Bild) vor einer elliptischen Galaxie (auf der rechten Seite). Das Sternenlicht der Hintergrundgalaxie wird teilweise durch die Staubbänder und -filamente verdeckt, die zur Vordergrundgalaxie gehören. Die Hubble-Aufnahme deckt die feinsten Details der ungleichmäßig verteilten Staubklumpen auf, die auf die Arme der Spiralgalaxie beschränkt sind. Dieser Staub rötet das Licht der Galaxie im Hintergrund, genau wie der Staub in der Erdatmosphäre den Sonnenuntergang rot erscheinen lässt. AM1316-241 liegt etwa 400 Millionen Lichtjahre entfernt in Richtung des Sternbilds Wasserschlange.

IC 4687

IC 4687 (links der Bildmitte) bildet mit zwei Begleiterinnen ein Galaxien-Triplett. IC 4686 liegt rechts und IC 4689 am rechten Bildrand. IC 4687 weist einen chaotisch strukturierten Körper aus Sternen, Gas und Staub sowie einen langen Schweif auf, der nach links weist. Die beiden Begleiter werden teilweise durch dunkle Staubbänder verdeckt. Die wechselwirkende Dreiergruppe ist etwa 250 Millionen Lichtjahre entfernt und steht im Sternbild Pfau.

IRAS 20351+2521

IRAS 20351+2521 ist eine Galaxie mit einer ausgedehnten Struktur aus Gas, Staub und vielen blauen Knoten aus Sternen. Sie steht im Sternbild Fuchs, 450 Millionen Lichtjahre entfernt.

NGC 7469

Das ist ein beeindruckendes Galaxienpaar in Wechselwirkung: in der rechten oberen Bildhälfte die Balkenspiralgalaxie NGC 7469 (Arp 298, Markarian 1514), eine helle Infrarotgalaxie mit einem kräftigen Sternentstehungsausbruch, der tief in die Umgebung des zentralen Bereichs eingebettet ist, und in der linken Bildhälfte ihr kleinerer Begleiter IC 5283. Das System steht etwa 200 Millionen Lichtjahre entfernt im Sternbild Pegasus.

NGC 5754 präsentiert seine Spiralarme

Dieses schöne Paar wechselwirkender Galaxien besteht aus NGC 5754, der großen Spiralgalaxie im oberen Teil und der kleineren Begleiterin NGC 5752 in der linken unteren Ecke des Bilds. Die innere Struktur von NGC 5754 ist noch kaum gestört, die äußeren Bereiche dagegen weisen bereits Zeichen der Gezeitenwirkung auf. Diese sind auch an der Symmetrie des inneren Spiralmusters und in den Knicken in den Armen knapp außerhalb des zentralen Rings zu erkennen. Dagegen hat NGC 5752 bereits einen Sternentstehungsausbruch hinter sich, der in Form zahlreicher massereicher und heller Sternhaufen sichtbar ist, die sich um den Kern drängen und mit komplexen Staubbahnen verflochten sind. Die Reaktionen der beiden Galaxien sind deswegen so deutlich verschieden, weil sie so unterschiedliche Massen und Größen aufweisen. Sie stehen im Sternbild Bärenhüter, 200 Millionen Lichtjahre entfernt.

AM0500-620

AM0500-620 besteht aus einer sehr symmetrischen Spiralgalaxie, auf deren Scheibe wir von oben blicken, und die zum Teil von einer Galaxie im Hintergrund beleuchtet wird. Die Vordergrundgalaxie besitzt einige Staubbahnen zwischen ihren Spiralarmen. Die Hintergrundgalaxie war ursprünglich als elliptische Galaxie klassifiziert worden, aber das von Hubble gewonnene Bild zeigte, dass sie Staub und Spiralarme besitzt. AM0500-620 steht im Sternbild Schwertfisch und ist 350 Millionen Lichtjahre von uns entfernt.

ESO 550-IG02

ESO 550-IG02 zeigt ein Paar Spiralgalaxien, eine größere, auf deren Scheibe wir blicken, und eine kleinere, stark von uns weggekippte Begleiterin. Die Wirkung der kleineren Galaxie hat einen Arm der größeren bereits deutlich verformt. Sowohl in diesem verformten Arm wie auch in einem ringförmigen Bereich um den Kern entstehen weiterhin viele Sterne. Das Galaxienpaar wird vom Schein schwach scheinender Sterne und von interstellarer Materie beleuchtet, die durch die Wirkung der Schwerkraft und den Zug einer dritten Galaxie im Raum verteilt wurde.

LEDA 62867 und NGC 6786

Diese Aufnahme zeigt ein sehr schönes Paar wechselwirkender Spiralgalaxien mit wirbelnden Armen. LEDA 62867, die kleinere der beiden (links im Bild), scheint derzeit in Sicherheit, doch sie wird wohl von der größeren Spiralgalaxie NGC 6786 (rechts im Bild) verschlungen werden. Man sieht bereits Störungen in beiden Komponenten. 2004 wurde in NGC 6786 eine Supernova beobachtet. NGC 6786 steht im Sternbild Drache, in einer Entfernung von 350 Millionen Lichtjahren.

ESO 507-70

ESO 507-70 ist der seltsam aussehende Überrest einer vergangenen Galaxienverschmelzung. Die Galaxie, ein chaotischer Wirbel aus Gas, Staub und Sternen, weist keine Zeichen der ursprünglichen Spiral- oder elliptischen Struktur auf. Sie wirkt verloren und verkrüppelt bis zur Unkenntlichkeit, nachdem sie einer anderen Galaxie begegnet ist. ESO 507-70 ist etwa 300 Millionen Lichtjahre entfernt in Richtung des Sternbilds Wasserschlange.

NGC 5331

NGC 5331 ist ein Galaxienpaar, das sich gegenseitig beeinflusst und damit beginnt, die Arme zu verschränken. Im Bild findet sich ein blauer Schweif, der vom System aus nach rechts zeigt. NGC 5331 hat im Infraroten eine Helligkeit von nahezu 100 Milliarden Mal der der Sonne. Das Paar steht im Sternbild Jungfrau und ist etwa 450 Millionen Lichtjahre von uns entfernt.

2MASXJ09133888-1019196

2MASXJ09133888-1019196 besteht aus zwei wechselwirkenden Galaxien, die beide durch die Wirkung der Schwerkraft bereits gestört wurden. Die große Distanz zwischen den beiden Galaxien – etwa 130.000 Lichtjahre – legt nahe, dass sie erst am Beginn des Verschmelzungsprozesses stehen. Zusammen bilden die beiden Galaxien ein ultrahelles Infrarotsystem, was für ein solch frühe Phase der Wechselwirkung ungewöhnlich ist. Eine mögliche Erklärung dafür könnte sein, dass eine der beiden Komponenten bereits früher eine Verschmelzung oder Wechselwirkung erlitten hat. Riesige Schwarze Löcher lauern in den Kernen der beiden Galaxien, die sich im Sternbild Wasserschlange in einer Entfernung von fast 700 Millionen Lichtjahren finden.

IRAS 21101+5810

Das System ist ein Paar von Galaxien, die beide durch die Wechselwirkung zwischen ihnen gestört sind. Die untere Galaxie hat eine absonderliche Struktur, und aus dem Inneren der oberen Galaxie tritt ein Gezeitenschweif aus. Das Paar liegt in einem dichten Sternfeld der Milchstraße. Man findet IRAS 21101+5810 im Sternbild Cepheus; die Entfernung beträgt etwa 550 Millionen Lichtjahre.

Arp 272

Arp 272 zeigt eine bemerkenswerte Kollision zwischen den beiden Spiralgalaxien NGC 6050 und IC 1179. Das System gehört zum Herkules-Galaxienhaufen, der nach dem Sternbild Herkules benannt ist, in dem er liegt. Dieser Galaxienhaufen ist Teil des „Great Wall", der „Großen Mauer", die aus Galaxienhaufen und -superhaufen besteht und die größte bekannte Struktur im Universum ist. Die zwei Spiralgalaxien sind durch ihre wirbelnden Arme miteinander verbunden. Arp 272 ist ungefähr 450 Millionen Lichtjahre von der Erde entfernt.

Arp 147

Arp 147 ist ein besonders beeindruckendes Beispiel für gravitativ wechselwirkende Galaxien. Der blaue Ring mit intensiver Sternentstehung entstand aller Wahrscheinlichkeit nach, als die linke Galaxie durch die rechte drang. Der staubige, rötliche Knoten im oberen linken Teil des blauen Rings dürfte den Ort markieren, an dem sich der ursprüngliche Kern der getroffenen Galaxie befand.

Die Autoren

Lars Lindberg Christensen

Lars Lindberg Christensen ist Fachmann für die Vermittlung wissenschaftlicher Ergebnisse (Science Communication Specialist) und leitet die Abteilung für Fortbildung und Public Relations bei der Europäischen Südsternwarte ESO (European Southern Observatory) in Garching bei München. Dort ist er für die Öffentlichkeitsarbeit und Fortbildungsangebote verantwortlich. In seine Zuständigkeit gehören das VLT, das Observatorium auf dem chilenischen Berg La Silla; die ESO-Beteiligung an ALMA (das größte und teuerste erdgebundene Astronomieprojekt, das derzeit gebaut wird); das E-ELT (das größte geplante Teleskop für den sichtbaren und infraroten Spektralbereich); sowie der ESO-Anteil am Hubble-Weltraumteleskop.

Er erwarb seinen Master in Physik und Astronomie an der Universität Kopenhagen (Dänemark) und zeichnet für mehr als hundert wissenschaftliche Veröffentlichungen verantwortlich, die meisten davon zur Popularisierung wissenschaftlicher Ergebnisse sowie die dahinter stehenden Theorie. Weiterhin beschäftigt er sich mit diversen Aspekten der Wissensvermittlung, darunter Methoden der grafischen, schriftlichen, technischen und wissenschaftlichen Kommunikation. Er hat bereits sechs Bücher geschrieben, darunter *Unser Fenster zum Weltraum, Eyes on the Skies, Hidden Universe* (deutsch „Verborgenes Universum"), *The Hands-On Guide to Science Communication* und *Hubble – 15 Years of Discovery*. Seine Bücher wurden in mehrere Sprachen übersetzt, darunter ins Finnische, Portugiesische, Dänische, Deutsche, Koreanische und Chinesische.

Christensen ist Pressebeauftragter der International Astronomical Union (IAU), Gründungsmitglied und Sekretär der IAU-Kommission 55 „Communicating Astronomy with the Public", Manager des Projekts „Photoshop FITS Liberator" von ESA, ESO und NASA, Chefredakteur der Fachzeitschrift „Communicating Astronomy with the Public", Regisseur der Video-Podcasts „Hubblecast" und „ESOcast", Geschäftsführer des Sekretariats der IAU für das Internationale Jahr der Astronomie 2009 sowie Regisseur der Wissenschaftsdokumentationen *Eyes on the Skies* und *Hubble – 15 years of Discovery*. Im Jahre 2005 erhielt er als bisher jüngster Preisträger die Tycho-Brahe-Medaille für seine Verdienste um die Popularisierung wissenschaftlicher Themen. Er lebt mit Frau und Sohn in Garching.

Raquel Yumi Shida

Raquel Yumi Shida betrat den Weg in den Kosmos als Amateurastronomin in ihrer Heimat Brasilien, als sie im Teenageralter ihr eigenes Teleskop baute und Beobachtungsdaten und Himmelsaufnahmen verschiedener astronomischer Objekte Wissenschaftlern und Organisationen in der ganzen Welt zur Verfügung stellte.

Als Studentin wirkte sie bereits zum ersten Mal an Hubble-Projekten mit; damals erhielt sie die Möglichkeit zu einem Forschungspraktikum am Space Telescope Science Institute in den Vereinigten Staaten. Bevor sie 2006 Mitglied im ESA-Hubble-Team in

Deutschland wurde, arbeitete sie am Astronomie-Department der Universität in São Paolo (Brasilien) an neuartigen und später mit Preisen ausgezeichneten Weiterbildungsprojekten, die erstmals Netzwerke von automatischen Teleskopen verwendeten. Sie erwarb an derselben Universität akademische Grade in den Bereichen Architektur und Stadtplanung.

Zur Zeit ist sie Mitglied in einer Gruppe von Wissenschaftlern, Astronomie-Vermittlern und Designern in der Abteilung für Fortbildung und Public Relations der Europäischen Südsternwarte ESO in Deutschland. Sie beschäftigt sich vor allem mit der Einbindung Internet-basierter Techniken in die Verbreitung visueller Darstellungen und Popularisierung bedeutender Ergebnisse von Hubble, der ESO, der International Astronomical Union oder des Internationalen Jahrs der Astronomie.

In ihrer Freizeit genießt sie es noch immer, astronomische Beobachtungen und Fotografien zu machen.

Davide de Martin

Davide De Martin ist Elektroingenieur und arbeitet jetzt in Venedig für den größten italienischen Energieversorger. Er ist dort für das Management der Fahrzeugflotte verantwortlich und an der Entwicklung und Verwirklichung neuer Techniken und Verfahren beteiligt, die die Personalverwaltung verbessern sollen.

Seit seiner Kindheit ist er Amateurastronom. Damals begann er, alles über Astronomie zu verschlingen. Als Herausgeber des italienischen Fachmagazins *Coelum* hat er seit 1996 Dutzende von Kolumnen und Artikel zur Populärastronomie geschrieben, von der Geschichte der bemannten Raumfahrt bis hin zur Popularisierung der Astronomie. Er hat an etlichen Projekten zur Verbreitung astronomischer Ergebnisse mitgewirkt und sie realisiert. Dazu gehören Websites, Multimedia-Unterstützung, Shows, Ausstellungen und Bücher.

In neuester Zeit konzentriert sich De Martin auf die Verarbeitung alter astronomischer Archivdaten, um sie in moderne Bilder umzuwandeln. Vieles davon kann man unter www.skyfactory.org bewundern.

Von 2005 an war er Mitarbeiter im Bereich Bildverarbeitung in der Abteilung für Fortbildung und Public Relations der Europäischen Südsternwarte ESO. Hier hat er einige der bekanntesten Hubble- und ESO-Bilder erstellt. Obwohl er sich mittlerweile daran gewöhnt hat, das Universum mit Hubbles „Augen“ zu sehen, liebt er es noch immer, den Nachthimmel mit eigenen Augen durch sein Dobson-Teleskop zu betrachten.

Quellen

Arp, H. 1966, *The Atlas of Peculiar Galaxies*, NASA's Extragalactic Database (Caltech): http://ned.ipac.caltech.edu/level5/Arp/frames.html

Arp, H., Madore B. F., Roberton, W. 1987: *A Catalogue of Southern Peculiar Galaxies and Associations* (Cambridge University Press): http://ned.ipac.caltech.edu/level5/SPGA_Atlas/frames.html

Barnes, J. E. & Hernquist, L. 1992, *Dynamics of Interacting Galaxies*, Annu. Rev. Astron. Astrophys., 30, 705–742

Carroll, B. W. & Ostlie, D. A. 2007, *An Introduction to Modern Astrophysics*, Chapter 26: Galactic Evolution (Addison Wesley)

Christensen, L. L. & Fosbury, R. A. E. 2005, *Hubble – 15 Years of Discovery* (New York: Springer)

Christensen, L. L., Fosbury, R. A. E. & Hurt, R. 2008, *Hidden Universe* (Weinheim: Wiley-VCH)

Dubinsky, J. 2006, *The Great Milky Way-Andromeda Collision*, Sky & Telescope, Oktober 2006

Günther, V. T. 2007, *Kosmische Unfälle*, Sterne und Weltraum, Mai 2007

Holmberg, E., 1941, *On the Clustering Tendencies among the Nebulae. II. a Study of Encounters Between Laboratory Models of Stellar Systems by a New Integration Procedure*. Astrophysical Journal 94, 385 (http://esoads.eso.org/abs/1941ApJ....94..385H)

Jayawardhana, R. 2008, *How the Milky Way devours its neighbors*, Astronomy, März 2008

Kanipe, J. & Webb, D. 2006, *The Arp Atlas of Peculiar Galaxies* (Willmann-Bell)

Keel, William: personal web page: http://www.astr.ua.edu/keel/

Leverington, D. 1996, *A History of Astronomy – from 1890 to the Present* (New York: Springer)

Schilling, G. & Christensen, L. L. 2008, *Eyes on the Skies – 400 Years of Telescopic Discovery* (Weinheim: Wiley-VCH)

Toomre, A. & Toomre, J., 1972, *Galactic Bridges and Tails*, Astrophysical Journal 178, 623, (http://esoads.eso.org/abs/1972ApJ...178..623T)

Vorontsov-Velyaminov, B. A. 1959, *Atlas and Catalogue of interacting galaxies*, Part 1, http://www.sai.msu.su/sn/vv/ und http://ned.ipac.caltech.edu/level5/VV_Cat/frames.html

Wikipedia-Artikel

http://en.wikipedia.org/wiki/Galaxy

http://en.wikipedia.org/wiki/Galaxy_formation_and_evolution

http://en.wikipedia.org/wiki/Atlas_of_Peculiar_Galaxies

Bildnachweise

Umschlag
NASA, ESA, and the Hubble Heritage Team STSci/AURA-ESA/Hubble Collaboration. Acknowledgement: B. Whitmore (Space Telescope Science Institute) and James Long (ESA/Hubble).

Doppelseite vor dem Impressum
A. Fujii, NASA, ESA, Digitized Sky Survey 2 and the Hubble Heritage Team (STScI/AURA)

S. 4, 5, 52, 62, 66, 67, 78 , 86, 90, 104, 105, 106, 108, 109, 110, 111, 112, 113, 114, 115, 116, 117, 118, 119, 120, 121, 123, 124, 125, 126, 128, 129, 130, 131, 132, 133
NASA, ESA, the Hubble Heritage Team (STScI/AURA)-ESA/Hubble Collaboration and A. Evans (University of Virginia, Charlottesville/ NRAO/ Stony Brook University)

S. 6
NASA

S. 8, 21, 32, 35, 39, 65, 76, 102, 103
NASA, ESA, and the Hubble Heritage Team (STScI/AURA)

S. 11
Jacopo Tintoretto/The Yorck Project

S. 12-13
ESO/S. Brunier

S. 14
History of Science Collections, University of Oklahoma Libraries; copyright the Board of Regents of the University of Oklahoma

S. 16
NASA/JPL-Caltech/R. Hurt

S. 17, 34, 44, 70, 83
European Space Agency & NASA

S. 23
NASA, ESA and the Hubble Heritage (STScI/AURA)-ESA/Hubble Collaboration

S. 24, 28, 29
NASA/ESA

S. 26
NASA/ESA, Jeffrey Kenney (Yale University), Elizabeth Yale (Yale University)

S. 30
NASA, ESA, and A. Zezas (Harvard-Smithsonian Center for Astrophysics); GALEX data: NASA, JPL-Caltech, GALEX Team, J. Huchra et al. (Harvard-Smithsonian Center for Astrophysics); Spitzer data: NASA/JPL/Caltech/ Harvard-Smithsonian Center for Astrophysics.

S. 37
NASA, ESA, A. Aloisi (ESA/STScI) and The Hubble Heritage (STScI/AURA)-ESA/Hubble Collaboration

S. 38
NASA, ESA, and A. Aloisi (European Space Agency and Space Telescope Science Institute)

S. 40
NASA, ESA, and S. Beckwith (STScI) and the HUDF Team

S. 42
NASA, ESA, and Johan Richard (Caltech, USA). Acknowledgement: Davide De Martin & James Long (ESA/Hubble)

S. 47
X-ray: NASA/CXC/CfA/M.Markevitch et al.; Optical: NASA/STScI; Magellan/U.Arizona/D. Clowe et al.; Lensing Map: NASA/STScI; ESO WFI; Magellan/U.Arizona/D.Clowe et al.

S. 49
NASA, ESA, G. Miley and R. Overzier (Leiden Observatory) and the ACS Science Team

S. 51
NASA, ESA and the Hubble Heritage (STScI/AURA)-ESA/Hubble Collaboration. Acknowl edgment: M. West (ESO, Chile)

S. 55
NASA, ESA, the Hubble Heritage Team (STScI/AURA)-ESA/Hubble Collaboration and W. Keel (University of Alabama, Tuscaloosa)

S. 56
William Parsons/NASA, ESA, S. Beckwith (STScI), and the Hubble Heritage Team STScI/ AURA)

S. 58
Reproduced by permission of the AAS

S. 59
NASA, ESA, the Hubble Heritage Team (STScI/AURA)-ESA/Hubble Collaboration and B. Whitmore (STScI)

S. 60
Reproduced by permission of the AAS

S. 63
NASA, ESA, JPL-Caltech

S. 68
NASA, ESA, and G. Canalizo (University of California, Riverside)

S. 69
NASA, ESA and Andy Fabian (University of Cambridge, UK)

S. 73, 74, 75
Frank Summers/STScI & NASA, ESA, the Hubble Heritage Team (STScI/AURA)-ESA/Hubble Collaboration and A. Evans (University of Virginia, Charlottesville/NRAO/Stony Brook University)

S. 79
NASA, ESA, the Hubble Heritage Team (STScI/AURA)-ESA/Hubble Collaboration and A. Evans (University of Virginia, Charlottesville/ NRAO/ Stony Brook University)

S. 81
NASA, ESA, the Hubble Heritage Team (STScI/AURA)-ESA/Hubble Collaboration and A. Evans (University of Virginia, Charlottesville/ NRAO/ Stony Brook University), K. Noll (STScI), and J. Westphal (Caltech)

S. 82
NASA/ESA/JPL-Caltech/P. N. Appleton (SSC/Caltech)

S. 84
NASA/ESA, J. English (U. Manitoba), S. Hunsberger, S. Zonak, J. Charlton, S. Gallagher (PSU), and L. Frattare (STScI)

S. 87
NASA, Holland Ford (JHU), the ACS Science Team and ESA

S. 89
R. Jay Gabany

S. 94-95
Robert Gendler

S. 96-97
Sky & Telescope illustration by Casey Reed

S. 99
NASA, ESA and K. Cook (Lawrence Livermore National Laboratory, USA)

S. 100, 101
The NASA/ESA Hubble Space Telescope

S. 107
NASA, ESA, the Hubble Heritage Team (STScI/AURA)-ESA/Hubble Collaboration and A. Evans (University of Virginia, Charlottesville/ NRAO/ Stony Brook University) and G. Ostlin (Stockholm University)

S. 122, 127
NASA, ESA, the Hubble Heritage Team (STScI/AURA)-ESA/Hubble Collaboration and W. Keel (University of Alabama, Tuscaloosa)

S. 134
NASA, ESA, the Hubble Heritage Team (STScI/AURA)-ESA/Hubble Collaboration and K. Noll (STScI)

S. 135
NASA, ESA, and M. Livio (STScI)

Doppelseite am Ende des Buches
NASA, Holland Ford (JHU), the ACS Science Team and ESA